EBS 대표강사 이지연 선생님이 알려주는

중학수학
유형 레시피

중1

EBS 대표강사 이지연 선생님이 알려주는

중학수학

중1

유형 레시피

이지연 지음

상상아카데미

안녕하세요. 여러분!

저는 여러분에게 수학을 가르쳐 줄 이지연 쌤이에요.

새학년의 처음은 늘 설레고 즐겁지만, 초등학교 6학년에서 중학교 1학년이 된다는 것은 단순히 한 학년이 올라가는 것과는 다른 아주 많은 시간을 건너뛰는 굉장한 사건으로 느껴질 수 있어요. 기대가 큰 만큼 많이 떨리기도 하고 학습에 대한 두려움도 있을 거예요. 실제로 중학생이 되면 배우는 과목도 많아지고 학교생활도 많이 다를 거예요.

더욱이 '수학'이라는 과목 자체가 주는 무거움이 있는데, '중학수학'이라고 하니까 이제 진짜 어려워질 것 같아서 걱정되죠? 그래서! 걱정하고 있는 여러분에게 도움을 주고자 쌤이 찾아왔답니다.

여러분, 여기에 있는 단어들을 한번 보시겠어요?

합성수	소인수분해	소수
		약수
최대공약수	삼각형의 합동 조건	
최소공배수		도형의 합동
	원뿔대	
원기둥		원뿔
	부피	
	겉넓이	부채꼴의 넓이
원의 넓이		

이 단어들은 중학수학 1학년 과정에 나오는 개념 중 몇 가지를 적은 거예요. 특히 색으로 쓴 단어들은 어디서 많이 본 것 같지 않나요?

"어? 어디선가 많이 봤는데요?"

"선생님! 왜 배웠던 것을 또 배우나요?"

라는 여러분의 목소리가 들리네요.

맞아요! 중학수학이라고 해서 완전히 새로운 것을 배우는 것은 아니에요. 초등학교 때 배운 수학 지식을 바탕으로 조금씩 조금씩 추가해서 개념을 늘려나가는 것이 바로 수학이라는 과목이 가진 특징이에요.

예전에 배운 수학 개념들과 다른 새로운 수학 개념들이 우수수 쏟아진다? 그런 일은 절대 없어요. 그러니까 겁먹지 말고 책을 펼쳐 보면, 익숙한 내용이 많이 보일 거예요.

어? 그런데 이번에는 이런 목소리가 들리네요?

"에이~ 이미 배운 내용이면 쉽겠네요?"

"선생님! 그러면 대충 공부해도 되나요?"

아니에요! 그렇게 생각하면 큰일나요! 이렇게 개념이 하나씩 추가되는 것이 쌓이고 쌓여 나중에는 엄청나게 큰 지식이 되기 때문이에요.

예를 들어 중1에서 방정식이라는 개념을 배운다면, 중2 때에는 연립방정식, 중3에서는 이차방정식이라는 개념을 조금씩 배워가는 거예요.

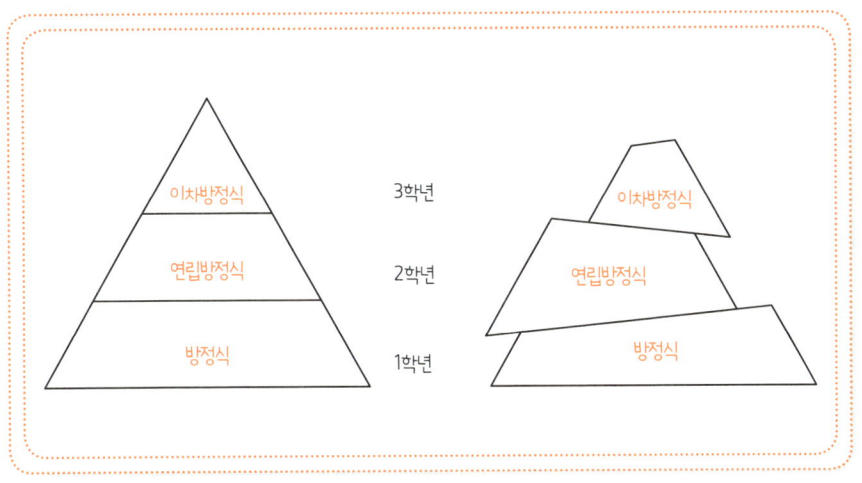

마치 피라미드를 쌓아올리듯이 개념을 탄탄히 쌓아올리는 것이죠. 이렇게 기본이 탄탄하다면 새로운 개념을 배울 때 쉽고 빠르게 개념을 이해할 수 있을 거예요. 하지만, 기본이 부족하다면 새로운 개념을 배울 때 많은 어려움이 따를 거예요.

그래서 중학수학은 1학년 때 잘해 두면 2학년이 편하고, 2학년 때 잘해 두면 3학년이 편해요. 중학수학의 기반이 되는 중1 수학이 중요한 이유도 이 때문이지요.

이제 쌤과 함께 중학교 1학년 수학을 탄탄하게 쌓아 나가 볼까요?

이지연

중학수학, 재밌게 푸는 법

이 책은 새로운 수학 교육과정에 따라 중학교 수학을 유형별 문제로 나누어 정리하였어요.

쌤과 함께 중학수학 1학년 과정을 쉽고 재미있게 풀어 보아요.

1. 쌤과 같이 처음부터 끝까지 공부해요!

기초적인 개념이나 유형별로 잘 정리된 수학 교재는 시중에 이미 많이 나와 있어요. 그럼 어떤 책을 고르는 것이 좋을까요? 수학은 '어떤 교재를 선택하느냐?'보다는 '내가 선택한 책을 끝까지 다 해결하느냐?'가 중요한 열쇠에요. 여기서 '해결'이란 단순히 문제를 많이 풀었는지가 아니라 유형을 확실히 이해하였는지를 말해요. 이 책은 처음부터 끝까지 마치 쌤이 옆에 있는 것처럼 여러분을 이끌어 줄 거예요.

2. 쌤의 손글씨로 다양한 유형을 경험해요!

쌤이 강의에서 늘 강조하는 것이 바로 '오답 노트'에요. 여기서 '오답'이란 틀린 문제뿐만 아니라 어려운 유형의 문제도 포함해요. 이 책은 중학교 1학년 학생들이 자주 틀리고 어려워하는 유형을 모아 쌤이 직접 손글씨로 문제를 뽑았어요. 이 책에 있는 핵심 유형들을 모두 쌤처럼 풀어낼 수 있다면 여러분들은 수학 전문가가 되어 있을 거예요.

3. 조금씩 조금씩 유형을 익혀 문제를 풀어요!

요즘 중학생들은 참 많이 바빠요. 숙제도 많고 하루에 많은 과목을 공부해야 하죠. 이러한 압박에서 벗어나 "하루에 2~3유형씩! 완벽하게 풀이를 써 보자!"라는 목표를 세워 실천하면, 두 달 만에 수학 실력이 크게 향상된 것을 느낄 수 있을 거예요. 이 책의 빈 곳을 여러분들의 손으로 채워 주세요.

이 책의 구성

단원명
교육과정에 따른 다섯 개의 단원

I. 수와 연산

\# 소수 \# 합성수 \# 소인수분해

\# 최대공약수 \# 최소공배수

\# 정수 \# 유리수 \# 수직선 \# 절댓값

\# + \# - \# × \# ÷ \# 부호 결정

핵심 개념 미리 보기
해당 단원에서 학습하는
다양한 수학 개념들

본문

001 소수 vs 합성수

<보기>에서 옳은 것을 모두 골라라.

<보기>
㉠ 7의 배수 중 소수는 1개뿐이다.
　　7, 14, 21, ...
㉡ 소수는 모두 홀수이다.
　　2, 3, 5, 7, ...
㉢ 모든 합성수는 약수가 3개뿐이다.
㉣ 자연수는 소수와 합성수로 이루어져 있다.
　㉠ 1, 2, 3, 4, 5, ...

✎ 풀·이·쓰·기

㉠ 7의 배수
　　㉠ 14, 21, 28, 35, ...
　소수　7과 합성가능!
　　　　→ 합성수
　→소수는 1개뿐!

㉡ 소수: ②, 3, 5, 7, 11, 13, ...
　　　　　난 짝수인데?

㉢ 약수가 1과 자신이면 소수!
　→합성수는 1, ～～～, 자신
　　　　　　↑
　　　　더 있어야돼!
　→ 합성수는 약수가 3개 이상!

① Tip
· 1보다 큰 자연수 중에서
　소수: 약수가 1과 자기 자신뿐인 수
　합성수: 약수가 1과 자기 자신 외에 더
　있는 수

✗ ㉣
　1은 소수도 합성수도 아니다!
　자연수 ┌ 1
　　　　├ 소수
　　　　└ 합성수

답 ㉠, ㉢

지연쌤의 SNS

☞ 1은 왜 소수도 합성수도 아닌가요?
소수와 합성수의 구분은 1보다 큰 자연수 중에서만 하기로 약속되어 있답니다.
그래서 1이 "나 소수야? 합성수야?"라고 물어보면 "넌 여기 못 껴~! 둘 다 아니야~!"라
고 하는 거예요!
소수와 합성수 문제는 1 때문에 많이 틀리므로 주의하세요.

문제

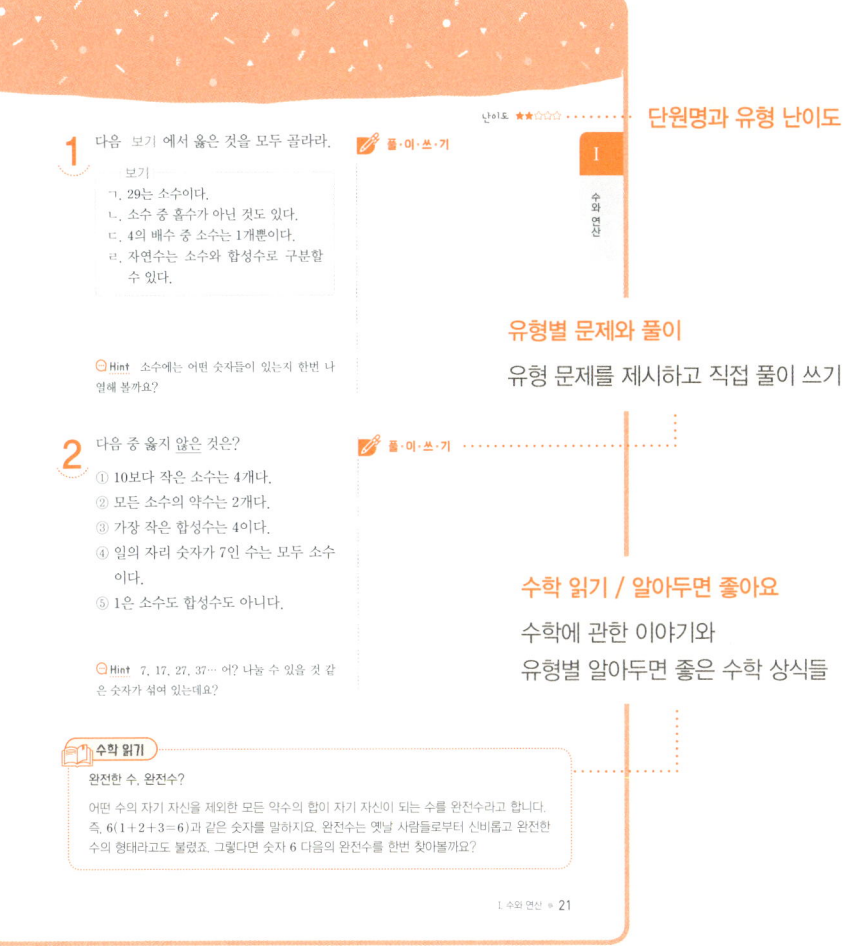

난이도 ★★☆☆☆ ········· 단원명과 유형 난이도

1 다음 보기 에서 옳은 것을 모두 골라라.

보기
ㄱ. 29는 소수이다.
ㄴ. 소수 중 홀수가 아닌 것도 있다.
ㄷ. 4의 배수 중 소수는 1개뿐이다.
ㄹ. 자연수는 소수와 합성수로 구분할
   수 있다.

🖋 풀·이·쓰·기

I

수와
연산

○ Hint 소수에는 어떤 숫자들이 있는지 한번 나
열해 볼까요?

유형별 문제와 풀이

유형 문제를 제시하고 직접 풀이 쓰기

2 다음 중 옳지 않은 것은?

① 10보다 작은 소수는 4개나.
② 모든 소수의 약수는 2개다.
③ 가장 작은 합성수는 4이다.
④ 일의 자리 숫자가 7인 수는 모두 소수
   이다.
⑤ 1은 소수도 합성수도 아니다.

🖋 풀·이·쓰·기 ·········

○ Hint 7, 17, 27, 37… 어? 나눌 수 있을 것 같
은 숫자가 섞여 있는데요?

수학 읽기 / 알아두면 좋아요

수학에 관한 이야기와
유형별 알아두면 좋은 수학 상식들

📖 수학 읽기

완전한 수, 완전수?

어떤 수의 자기 자신을 제외한 모든 약수의 합이 자기 자신이 되는 수를 완전수라고 합니다.
즉, $6(1+2+3=6)$과 같은 숫자를 말하지요. 완전수는 옛날 사람들로부터 신비롭고 완전한
수의 형태라고도 불렸죠. 그렇다면 숫자 6 다음의 완전수를 한번 찾아볼까요?

디오판토스의 묘비

디오판토스는 방정식을 최초로 미지수로 나타낸 고대의 수학자예요.

그에게는 아주 유명한 이야기가 하나 있어요. 바로 그의 묘비에 관한 이야기죠.

그의 묘비에는 수수께끼가 하나 적혀 있는데, 그 수수께끼는 방정식을 이용하여 그의 나이를 알 수 있도록 만든 문제예요. 조금만 생각하면 여러분도 쉽게 풀 수 있으니 한번 풀어 볼까요?

쌤의 수학 읽을거리

각 단원과 관련 있는
질문과 답변, 이야기, 활동 소개

> ...
> 그는 인생의 $\frac{1}{6}$ 을 소년으로 보냈고,
> 다시 인생의 $\frac{1}{12}$ 가 지난 뒤에는 수염이 자랐다.
> 다시 일생의 $\frac{1}{7}$ 이 지나 결혼을 했고,
> 5년 만에 아들을 얻었다.
> 아들은 아버지 나이의 반밖에 살지 못했다.
> 아들을 보내고 그는 4년 뒤 일생을 마쳤다.
> ...

이렇게 방정식을 글로 표현하니까 어려워 보이죠? 그의 나이(인생)를 x로 보고, 문장과 문장을 더하기로 표현하면 다음과 같은 식이 나와요.

$$\frac{1}{6}x + \frac{1}{12}x + \frac{1}{7}x + 5 + \frac{1}{2}x + 4 = x$$

이 식에 분모의 최소공배수인 84를 곱하고 식을 정리하면, 그의 나이를 구할 수 있어요. 그의 나이는 바로 84세예요.

차례

I. 수와 연산

III. 관계식과 그래프

IV. 평면도형과 입체도형

V. 자료의 정리와 분석

I. 수와 연산

#소수 #합성수 #소인수분해

#최대공약수 #최소공배수

#정수 #유리수 #수직선 #절댓값

#+ #- #× #÷ #부호 결정

〈보기〉에서 옳은 것을 모두 골라라.

┌─────────── 〈보기〉 ───────────┐
│ ㉠ 7의 배수 중 소수는 1개뿐이다.
│   7,14,21,…
│ ㉡ 소수는 모두 홀수이다.
│   2,3,5,7,…
│ ㉢ 모든 합성수는 약수가 3개이상 이다.
│ ㉣ 자연수는 소수와 합성수로 이루어져 있다.
│   1,2,3,4,5,…
└─────────────────────────────┘

✏ 풀·이·쓰·기

㉠ 7의 배수

　7　14, 21, 28, 35, …
소수　7로 합성가능!
　　⇒ 합성수
⇒ 소수는 1개뿐!

㉡ 소수: 2, 3, 5, 7, 11, 13, …
난 짝수인데?

㉢ 약수가 1과 자신뿐이면 소수!
⇒ 합성수는: 1, ～～～, 자신
　　　　　　　　↑
　　　　　더 있어야돼!
⇒ 합성수는 약수가 3개이상!

㉣ 1은 소수도 합성수도 아니다!

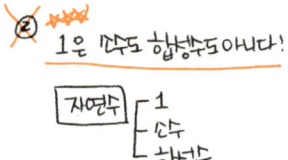

자연수 ┬ 1
　　　　├ 소수
　　　　└ 합성수

① Tip

· 1보다 큰 자연수 중에서
  소수: 약수가 1과 자기 자신뿐인 수
  합성수: 약수가 1과 자기 자신 외에 더
  있는 수

답 ㉠, ㉢

1 다음 |보기|에서 옳은 것을 모두 골라라.

 풀·이·쓰·기

—| 보기 |—
ㄱ. 29는 소수이다.
ㄴ. 소수 중 홀수가 아닌 것도 있다.
ㄷ. 4의 배수 중 소수는 1개뿐이다.
ㄹ. 자연수는 소수와 합성수로 구분할 수 있다.

Hint 소수에는 어떤 숫자들이 있는지 한번 나열해 볼까요?

2 다음 중 옳지 않은 것은?

풀·이·쓰·기

① 10보다 작은 소수는 4개다.
② 모든 소수의 약수는 2개다.
③ 가장 작은 합성수는 4이다.
④ 일의 자리 숫자가 7인 수는 모두 소수이다.
⑤ 1은 소수도 합성수도 아니다.

Hint 7, 17, 27, 37… 어? 나눌 수 있을 것 같은 숫자가 섞여 있는데요?

수학 읽기

완전한 수, 완전수?

어떤 수의 자기 자신을 제외한 모든 약수의 합이 자기 자신이 되는 수를 완전수라고 합니다. 즉, 6(1+2+3=6)과 같은 숫자를 말하지요. 완전수는 옛날 사람들로부터 신비롭고 완전한 수의 형태라고도 불렸죠. 그렇다면 숫자 6 다음의 완전수를 한번 찾아볼까요?

$2^a = 8$, $3^2 = b$, $5^c = 25$ 를 만족시키는 자연수 a, b, c에 대해 $a+b+c$의 값을 구하여라.

✏ 풀·이·쓰·기

① $\underline{2 \times 2 \times 2} = 8$ 이므로
   $\quad\quad 2^3$

   ⇒ $2^3 = 8$

   $\boxed{a=3}$

② $3^2 = b$ 이므로
   $3 \times 3 = 9$

   $\boxed{b=9}$

③ $5^c = 25$ 이므로
   $5 \times 5 = 5^2$

   $\boxed{c=2}$

따라서,
   $a+b+c = 3+9+2 = \underline{14}$

답 14

⚠ Tip

- 거듭제곱을 계산한 결과를 소인수분해하면 쉽게 지수를 알아낼 수 있어요.
  예 $2^a = 16$이라고 주어졌을 때,
  16을 소인수분해하면 2^4이므로
  $a = 4$라는 것을 알 수 있죠.

지연쌤의 SNS

✉ 분수를 거듭제곱할 때는 어떻게 해야 하나요?

분수를 거듭제곱할 때는 반드시 괄호를 사용해야 합니다! 예를 들어 볼까요?

$\frac{1}{2} \times \frac{1}{2} \times \frac{1}{2}$ 는 '$\frac{1}{2}$을 세 번 곱했다'라는 뜻이지요? 어떻게 표현해야 올바를까요?

$\frac{1^3}{2}$ 이라고요? 아니에요! 이것은 $\frac{1 \times 1 \times 1}{2}$ 이라는 뜻이에요.

$\frac{1}{2}$ 자체를 세 번 곱하려면 반드시 괄호를 사용해 주세요. 결과는 $\left(\frac{1}{2}\right)^3$ 이랍니다.

1 $3^a=81$, $7^b=49$를 만족하는 자연수 a와 b의 값을 각각 구하여라.

 풀·이·쓰·기

☺Hint 3의 제곱수와 7의 제곱수를 하나씩 나열해 볼까요?

2 $\left(\dfrac{1}{2}\right)^a=\dfrac{1}{8}$, $b^3=27$, $0.1^2=c$를 만족하는 수 a, b, c의 값을 각각 구하여라.

 풀·이·쓰·기

☺Hint 8과 27을 각각 소인수분해하면 좀 더 쉽게 해결할 수 있지 않을까요?

📖 **수학 읽기**

거듭제곱의 등장

수학자들은 언제나 간단하게! 효율적으로 표현하는 방법을 연구하죠!

$2+2+\cdots+2$에서 '음… 이걸 언제 100번 다 쓰지?'라는 불편함은 (2×100)이라는 곱하기
$\underbrace{\qquad\qquad}_{100번}$

를 등장하게 하였고,

$2\times2\times\cdots\times2$에서는 2^{100}이라는 거듭제곱을 등장하게 하였죠!
$\underbrace{\qquad\qquad}_{100번}$

$2 \times 3 \times 4 \times 5 \times \cdots \times 10$을
소인수분해하면
$2^a \times 3^b \times 5^c \times 7^d$이다.
이때 자연수 a, b, c, d의 값을
각각 구하여라.

✎ 풀·이·쓰·기

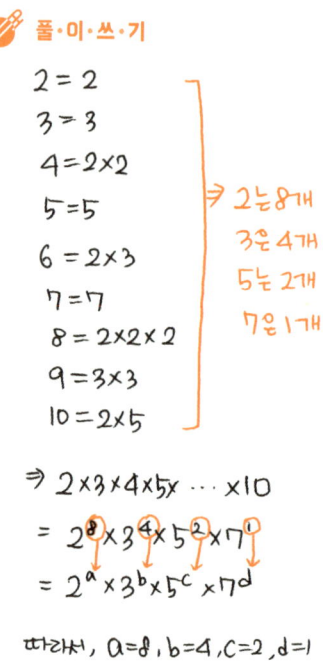

$2 = 2$
$3 = 3$
$4 = 2 \times 2$
$5 = 5$
$6 = 2 \times 3$
$7 = 7$
$8 = 2 \times 2 \times 2$
$9 = 3 \times 3$
$10 = 2 \times 5$

2는 8개
3은 4개
5는 2개
7은 1개

$\Rightarrow 2 \times 3 \times 4 \times 5 \times \cdots \times 10$
$= 2^8 \times 3^4 \times 5^2 \times 7^1$
$= 2^a \times 3^b \times 5^c \times 7^d$

따라서, $a=8, b=4, c=2, d=1$

답 $a=8$, $b=4$, $c=2$, $d=1$

지연쌤의 SNS

☑ 소인수분해하는 방법에는 어떤 것들이 있나요?

① $60 = 2 \times 30$
  $= 2 \times 2 \times 15$
  $= 2 \times 2 \times 3 \times 5$
  $= 2^2 \times 3 \times 5$

② $60 \diagdown 2$
  $30 \diagdown 2$
  $15 \diagdown 3$
  $\diagdown 5$

③ $2\overline{)60}$
  $2\overline{)30}$
  $3\overline{)15}$
  5

따라서 60을 소인수분해하면 $60 = 2^2 \times 3 \times 5$라는 모두 같은 결과가 나와요.

1 $2 \times 3 \times 4 \times 5 \times \cdots \times 12$를 소인수분해하면 $2^a \times 3^b \times 5^c \times 7 \times 11$이다. 이때 자연수 a, b, c의 값을 각각 구하여라.

 풀·이·쓰·기

2 $1 \times 3 \times 5 \times 7 \times 9 \times \cdots \times 15$를 소인수분해하면 $3^a \times 5^b \times 7^c \times 11 \times 13$이다. 이때 자연수 a, b, c의 값을 각각 구하여라.

 풀·이·쓰·기

Hint 1은 곱셈에서는 무시해도 괜찮아요.

 **수학 읽기**

소인수분해 파헤치기!

소인수분해는 소수 + 인수 + 분해 를 의미해요.
인수란? 약수를 말해요. 예를 들어 6의 인수는 1, 2, 3, 6이에요.
소인수란? 인수 중에서 소수를 말해요. 즉, 6의 소인수는 6의 인수 1, 2, 3, 6 중에서 소수인 2와 3이죠.
소인수분해란? 어떤 수를 소인수만의 곱으로 분해하여 나타낸 것을 말해요. 예를 들어 6을 소인수인 2와 3의 곱으로 나타내면 $6 = 2 \times 3$이 되는 거죠.

004 소인수가 뭐였더라?

다음 중 소인수가 나머지 넷과
다른 것은?

→ 소인수분해를해서 찾아내자!

① 24 ② 36 ③ 80

④ 108 ⑤ 144

Tip

• 1단계: 소인수분해를 해줘요.
  2단계: 지수를 제외한 밑을 찾으면 그것이
  소인수예요.

$$40 = \boxed{2}^3 \times \boxed{5}$$

소인수

✏️ 풀·이·쓰·기

✱ 각각 소인수분해를 해보자!

① $24 = 2^3 \times 3$

  ↳ 소인수: 2, 3

② $36 = 2^2 \times 3^2$

  ↳ 소인수: 2, 3

③ $80 = 2^4 \times 5$

  ↳ 소인수: 2, 5

④ $108 = 2^2 \times 3^3$

  ↳ 소인수: 2, 3

⑤ $144 = 2^4 \times 3^2$

  ↳ 소인수: 2, 3

⇒ 모두 소인수가 2, 3 인데

  ③번 80만 소인수가 2, 5 네!

답 ③

지연쌤의 SNS

✉️ **소인수 쉽게 찾기!**

소인수는 원래 인수 중에서 소수인 수를 말하죠. 예를 들어 12의 소인수를 찾아볼까요?
12의 인수 1, 2, 3, 4, 6, 12 중에서 2와 3이 소수니까 12의 소인수는 2와 3이에요.
그런데 12의 인수를 이렇게 쫙~ 늘어놓고 소수를 찾으면 숫자가 커질수록 번거로워지겠죠?
그래서 소인수를 빨리 찾기 위해 소인수분해를 먼저 하고 그 밑만 확인하면 쉽게 소인수를 찾을
수 있어요!

$$12 = \boxed{2}^2 \times \boxed{3}$$

소인수

1 다음 중 소인수가 나머지 넷과 <u>다른</u> 것은?

 풀·이·쓰·기

① 20   ② 40   ③ 60

④ 80   ⑤ 100

2 다음 |보기|에서 소인수가 3개인 것을 모두 골라라.

 풀·이·쓰·기

―| 보기 |―
ㄱ. 42   ㄴ. 56   ㄷ. 72
ㄹ. 99   ㅁ. 120

💬 **Hint** 각각 소인수분해를 하고, 소인수의 개수
를 세어 볼까요?

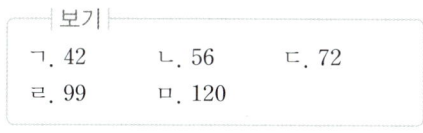 **수학 읽기**

'인수＝약수'라고? 왜 똑같은 말을 또 배울까?

사실 인수는 약수가 아니에요. 그보다 큰 범위를 말해요.
그런데 우리 중학교 1학년에서는 '인수＝약수'라고 생각해도 큰 문제가 없어요.
다만! 앞으로 학년이 올라가면 인수에 대한 더 많은 이야기가 있을 것이라는 것만 알고 있으
면 좋아요.

240에 자연수를 곱하여 → 240×A
어떤 자연수의 제곱이 되도록 할 때,
곱할 수 있는 가장 작은 자연수는?

제곱수!

⊙ **Tip**

• 제곱수가 되려면 소인수분해했을 때, 지수
가 모두 짝수여야 해요.

풀·이·쓰·기

240에 곱하는 자연수를 A라 하자.

┌─────────┐
│ 240×A │ 가 어떤 자연수의 제곱
└─────────┘
               제곱수가 되려면?
         ↓
소인수분해 했을 때 지수가 모두 짝수여야!

① 240을 소인수분해 하자

240 = $2^4 × 3 × 5$
                    ↓
24   10   얘네가 짝꿍이
6 4 ②⑤   없어ㅠㅠ.
②②②②   ⇒ 3이랑 5가
                    더 필요!

② 240 × A
       ↓   ↓
$2^4×3×5$ 3×5   제곱수
⇒$2^4×3×5×3×5=2^4×3^2×5^2$
     ↑   ↑   (지수가
   240에   이만큼 더   모두
           곱했더니   짝수)

따라서, 제곱수가 되기위해
필요한 가장 작은 자연수는 15

답 15

✉ 어떤 자연수의 제곱? 제곱수!

1, 4, 9, 16, 25, 36, …
위 숫자들의 공통점이 보이나요? 맞아요! 모두 어떤 자연수를 제곱해서 만들어진 제곱수랍니다.
이 제곱수들을 한번 소인수분해해 볼까요?
$4=2^2$, $9=3^2$, $16=2^4$, $25=5^2$, $36=2^2×3^2$, …
또 다른 공통점을 찾았나요? 바로 **제곱수**들의 소인수분해 결과는 지수가 **모두 짝수**여야 한다는
것이에요! 지수가 짝수인 수들의 곱은 어떤 수의 제곱수가 된답니다.

1 90에 자연수를 곱하여 어떤 자연수의 제곱이 되도록 할 때, 곱할 수 있는 가장 작은 자연수를 구하여라.

 풀·이·쓰·기

2 90에 자연수를 곱하여 어떤 자연수의 제곱이 되도록 할 때, 곱할 수 있는 자연수 중 두 번째로 작은 수를 구하여라.

 풀·이·쓰·기

🔍 **알아두면 좋아요**

제곱수 만들기

숫자 90을 소인수분해하면, $90 = 2 \times 3^2 \times 5$가 나와요. 그런데 지금은 2와 5가 제곱이 아니므로 제곱수가 아니에요!

그렇다면 90에 어떤 수를 곱해서 제곱수가 되게 하려면 최소 $2 \times 5 = 10$을 곱해 줘서 모든 지수를 짝수로 만들어 줘야 하겠죠?

즉, 90에 10을 곱해 주면 $2 \times 3^2 \times 5 \times (2 \times 5) = 2^2 \times 3^2 \times 5^2$로 모두 제곱이 되었죠?

300의 약수 중에서 <u>어떤 자연수의</u>
<u>제곱이 되는 수</u>는 몇개인가?

↓

$1^2 = 1$
$2^2 = 4$
$3^2 = 9$
$4^2 = 16$
$5^2 = 25$
$6^2 = 36$
$7^2 = 49$
⋮

✱ 제곱이 되는 수의 특징!

(어떤수)를 소인수분해 하였을때

↓ $\triangle^2 \times \square^2 = (\triangle \times \square)^2$

$\triangle^4 \times \square^2 \times \bigcirc^2 = (\triangle^2 \times \square \times \bigcirc)^2$
⋮

⇒ 지수가 모두 짝수개!

🖊 풀·이·쓰·기

300의 약수를 <u>소인수분해를 이용하여</u>
찾아보자!

$300 = 2^2 \times 3 \times 5^2$ 이므로

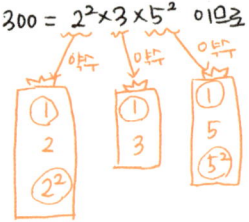

약수   약수   약수

①	①	①
2	3	5
2^2		5^2

⇒각 주머니에서 1개씩 꺼내어
약수를 만든다!

⇒이때! 지수가 짝수인 경우만
뽑아야 제곱수!

따라서,

$1 \times 1 \times 1 = 1$
$2^2 \times 1 \times 1 = 4$
$1 \times 1 \times 5^2 = 25$
$2^2 \times 1 \times 5^2 = 100$

⇒ 1, 4, 25, 100 으로 4개

답 4개

지연쌤의 SNS

☑ 72의 약수 구하기!

72를 소인수분해하면 다음과 같아요.

$72 = 2^3 \times 3^2$

2^3의 약수는 1, 2, 2^2, 2^3이고,

3^2의 약수는 1, 3, 3^2이에요.

다음의 결과를 이용하여 72의 약수를 표에 적어 볼까요?

×	1	2	2^2	2^3
1	1×1	2×1	$2^2 \times 1$	$2^3 \times 1$
3	1×3	2×3	$2^2 \times 3$	$2^3 \times 3$
3^2	1×3^2	2×3^2	$2^2 \times 3^2$	$2^3 \times 3^2$

1 다음 중 $3^2 \times 5^2$의 약수가 <u>아닌</u> 것은?

    ① 3^2 ② $3^2 \times 5$ ③ 3×5^2

    ④ $3^3 \times 5$ ⑤ $3^2 \times 5^2$

 풀·이·쓰·기

😀 **Hint** 1, 3, 3^2과 1, 5, 5^2에서 뽑아낼 수 있어야 해요.

2 180의 약수 중에서 어떤 자연수의 제곱이 되는 수는 모두 몇 개인지 구하여라.

 풀·이·쓰·기

🔍 **알아두면 좋아요**

소인수분해를 이용하여 약수 구하기

① 소수 a에 대하여 자연수 a^n의 약수는 1, a, a^2, ⋯, a^n이에요.
② 자연수 N이 $N = a^m \times b^n$ (a, b는 서로 다른 소수)으로 소인수분해될 때, N의 약수는 (a^m의 약수)×(b^n의 약수)로 이뤄져요.

📕 12의 약수 표

×	1	3
1	1×1	1×3
2	2×1	2×3
2^2	$2^2 \times 1$	$2^2 \times 3$

$5^3 \times a$의 약수가 8개일 때, 다음 중 자연수 a의 값이 될 수 있는 것은?

① 5
② 7
③ 5^2
④ 7^2
⑤ 5×7^2

※약수의 개수

$5^3 \times 7^2$의 약수는 $4 \times 3 = 12$개!

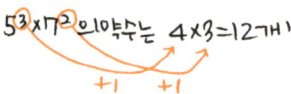

(왜?) 5^3의 약수 : $1, 5, 5^2, 5^3$
7^2의 약수 : $1, 7, 7^2$

풀·이·쓰·기

① $5^3 \times a = 5^3 \times 5 = 5^4$
약수 $1, 5, \cdots, 5^4$
⇒ 약수 5개

② $5^3 \times a = 5^3 \times 7$
약수 4개 × 약수 2개 ⇒ 8개

③ $5^3 \times a = 5^3 \times 5^2 = 5^5$
약수 6개

④ $5^3 \times a = 5^3 \times 7^2$
약수 4개 × 약수 3개
⇒ 12개

⑤ $5^3 \times a = 5^3 \times 5 \times 7^2 = 5^4 \times 7^2$
약수 5개 × 약수 3개
⇒ 15개

답 ②

지연쌤의 SNS

☑ $5^3 \times 5$의 약수의 개수는 8개 아닌가요?

그렇지 않습니다. $5^3 \times 5$는 같은 소인수로 이루어져 있기 때문에
반드시 5^4로 고쳐서 약수의 개수를 생각해야 해요.
└─ $1, 5, 5^2, 5^3, 5^4$ → 5개!

1 $2^2 \times a$의 약수가 6개일 때, 다음 중 자연수 a의 값이 될 수 있는 것은?

 풀·이·쓰·기

① 2   ② 3   ③ 2^2
④ 3^2 ⑤ 5^2

2 $3^3 \times a$의 약수가 12개일 때, 다음 중 자연수 a의 값이 될 수 <u>없는</u> 것을 모두 고르면?

 풀·이·쓰·기

① 2^2 ② 3^2 ③ 4^2
④ 5^2 ⑤ 7^2

💬 Hint 4^2는 소인수분해된 상태가 아니므로 조심해요.

 알아두면 좋아요

소인수분해를 이용하여 약수의 개수 구하기

자연수 N이 $N = a^m \times b^n$(a, b는 서로 다른 소수)으로 소인수분해될 때,
N의 약수의 개수는 $(m+1) \times (n+1)$(개)이다.

어때요? 어려워 보이죠? 어렵게 생각하지 말고 그냥 (지수+1)을 기억하면 편해요. 모든 수는 약수로 1을 가지기 때문에 +1을 하는 거예요.
예를 들어 2^3의 약수의 개수는 (3+1)로 4개이고, 12의 약수의 개수는 $(2+1) \times (1+1)$로 6개랍니다.

두 자연수 $2^2 \times 3^3$ 과 $2^3 \times 3 \times 5$ 의

공약수는 모두 몇 개인가?

↳

<u>최대공약수</u> 의 <u>약수</u>

최대공약수 구하기!

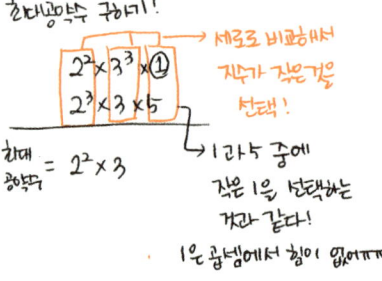

$2^2 \times 3^3 \times ①$

$2^3 \times 3 \times 5$

최대
공약수 $= 2^2 \times 3$

→ 세로로 비교해서
지수가 작은 걸
선택!

→ 1과 5 중에
작은 1을 선택하는
것과 같다!

· 1은 곱셈에서 힘이 없어ㅠㅠ

 풀·이·쓰·기

① 먼저, 최대공약수를 구하자.
두 수의 소인수의 종류는 ②, ③ ⑤

② ③ ⑤
$2^2 \times 3^3$
$2^3 \times 3 \times 5$
_____
최대공약수 $= 2^2 \times 3$ $= \boxed{12}$

② 공약수는 최대공약수의 약수 !
↓
$2^2 \times 3$ 의 약수의 개수?

약수 3개 × 약수 2개

⇒ 약수 6개

즉! 두 수의 공약수는 $\boxed{6}$개

답 6개

---

1 두 자연수 $2 \times 3^3 \times 5$와 $3^2 \times 5 \times 7$의 공약수는 모두 몇 개인지 구하여라.

 풀·이·쓰·기

2 세 자연수 2×3^2과 $2^2 \times 3 \times 5$와 $2 \times 3 \times 5^2$의 공약수를 모두 구하여라.

 풀·이·쓰·기

Hint 세 자연수라도 세로로 비교해서 지수가 작은 것을 고르면 돼요.

🔍**알아두면 좋아요**

최대공약수를 구하는 두 가지 방법

① 2)12 18
   3) 6   9
      2   3

(최대공약수)$=2 \times 3 = 6$

② $12 = 2^2 \times 3$
$18 = 2 \times 3^2$
(최대공약수)$= 2 \times 3 = 6$

009 서로소? 서로 어색한 관계

30 이하의 자연수 중에서
12와 서로소인 수의 개수는?

동시에 나누어 떨어지게 하는 수가 ① 밖에 없다면!

풀·이·쓰·기

① 12를 소인수분해 → $12 = 2^2 \times 3$
⇒ 소인수가 2와 3이 있다!
즉! 12와 서로소가 되려면
2의 배수 No! 3의 배수 No!

② 30 이하의 자연수 중
2의 배수, 3의 배수를 탈락시키면
⇒ 1, 5, 7, 11, 13, 17, 19,
23, 25, 29 ⇒ 총 10개

Tip

- 서로소가 되려면?
  소인수분해하였을 때, 겹치는 소인수가 없어야 해요.

  ① $6=2\times3$, $34=5\times7$ — 겹치는 수가 없다! (6과 35는 서로소이다.)

  ② $6=2\times3$, $15=3\times5$ — 3이 서로 겹친다! (6과 15는 서로소가 아니다.)

답 **10개**

지연쌤의 SNS

서로소가 뭔가요?

서로소는 최대공약수가 1인 두 자연수를 말해요. 최대 공약수가 1?
그럼 동시에 나누어떨어지게 하는 수가 아~무리 커도 1이라는 것을 말하겠네요!
예 14와 35 ➡ 7이 공통 약수이므로 서로소가 아니에요!
14와 45 ➡ 공통 약수가 1밖에 없어서 서로소가 맞아요!

1 다음 중 서로소인 것을 모두 고르면?

① 14, 28   ② 1, 20

③ 15, 21   ④ 8, 15

⑤ 18, 30

 풀·이·쓰·기

I

수와 연산

2 20 이하의 자연수 중에서 10과 서로소인 수를 모두 구하여라.

 풀·이·쓰·기

알아두면 좋아요

서로소의 특징!

① 1은 1을 제외한 모든 수와 서로소예요.

② 서로 다른 소수끼리는 항상 서로소예요.

③ 서로소는 두 수 사이의 관계예요. 예를 들어 3, 5, 7을 서로소라고 하지 않아요.

두 자연수의 최소공배수가 18일 때,
이 두 수의 공배수 중에서
두 자리 자연수는 몇 개인가?

최소공배수 =18 의 배수!

풀·이·쓰·기

두 자연수의 최소공배수가 18

⇒ 공배수는 18의 배수

즉! 18의 배수 중
두자리 자연수의 개수를 찾자!

18×1 , 18×2 , ⋯ , 18×5
18 , 36 , ⋯ , 90

⇒ 총 5개

① Tip

• 두 자연수가 뭔지 몰라도 괜찮아!
최소공배수가 나와 있다면, 바로 공배수를
알아낼 수 있으니 "두 자연수가 뭘까?"라고
고민하지 말아요.

답 5개

지연쌤의 SNS

✉ 소인수분해된 숫자는 어떻게 배수를 구하나요?

어떤 수 A의 배수를 구할 때 우리는 어떻게 하나요?
$A \times 1$, $A \times 2$, $A \times 3$, ⋯, $A \times n$ 이렇게 계산을 하죠.
마찬가지로 소인수분해된 수 $2^2 \times 3^3$의 배수는 $(2^2 \times 3^3)$에 순차적으로 숫자를 곱하면 된답니다.
그런데 여기서 주의해야 할 점! 절대로 $(2^2 \times 3^3)$를 변형시키면 안 된다는 거죠.

1 두 자연수의 최소공배수가 20일 때, 이 두 수의 공배수 중에서 두 자리의 자연수는 몇 개인지 구하여라.

 풀·이·쓰·기

2 두 자연수의 최소공배수가 $2^2 \times 3^3$일 때, 다음 중 두 수의 공배수가 <u>아닌</u> 것은?

① $2^2 \times 3^3$ ② $2^2 \times 3^4$

③ $2^3 \times 3^3$ ④ $2^2 \times 3^2 \times 5$

⑤ $2^3 \times 3^3 \times 5$

 풀·이·쓰·기

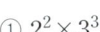 Hint $2^2 \times 3^3$의 배수를 찾아야 하므로 최소 $2^2 \times 3^3$에서 시작해야 하지 않을까요?

📖 **수학 읽기**

최대공약수와 최소공배수

최대공약수는 [**최대＋공통＋약수**]로 공통인 약수 중에서 제일 큰 수를 말하고,
최소공배수는 [**최소＋공통＋배수**]로 공통인 배수 중에서 제일 작은 수를 말해요.
공약수와 공배수를 구하는 문제가 나오면 당황하지 말고
공약수는 최대공약수를 구하고, 그 약수를 구하면 끝!
공배수는 최소공배수를 구하고, 그 배수를 구하면 끝! 편리하죠?

자연수 a, b, c에 대하여

두 수 $2^a \times 3^2 \times 5$, $2^2 \times 3^b \times 5^c \times 7$의

최소공배수가 $2^3 \times 3^4 \times 5^2 \times 7$일 때,

두 수의 최대공약수를 구하여라.

└ 지수가 클 것!

일단 a, b, c 값을 구하면

금방~ 해결 가능!

 풀·이·쓰·기

소인수끼리 정렬해보면

$$2^a \times 3^2 \times 5$$
$$2^2 \times 3^b \times 5^c \times 7$$

최소공배수 $= 2^3 \times 3^4 \times 5^2 \times 7$
① ② ③

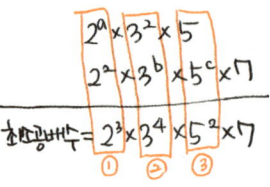

① 2^a와 2^2에서 2^3이 선택?

$\Rightarrow \boxed{a=3}$

② 3^2과 3^b에서 3^4이 선택?

$\Rightarrow \boxed{b=4}$

③ 5와 5^c에서 5^2이 선택?

$\Rightarrow \boxed{c=2}$

그럼 이제, 최대공약수를 구해보자!

$$2^3 \times 3^2 \times 5$$
$$2^2 \times 3^4 \times 5^2 \times 7$$

최대공약 $= 2^2 \times 3^2 \times 5 = \underline{180}$

답 180

지연쌤의 SNS

☑ 최소공배수는 왜 지수가 큰 것을 선택하죠?

2^2의 배수: 2^2, $\boxed{2^2 \times 2}$, $2^2 \times 3$, $2^2 \times 4$, $\cdots$

2^3의 배수: $\boxed{2^3}$, $2^3 \times 2$, $2^3 \times 3$, $2^3 \times 4$, $\cdots$

└ 2^2와 2^3의 최소공배수는 지수가 더 큰 2^3이 선택되는 것을 확인할 수 있어요!

1 자연수 a, b, c에 대하여 두 수 $2^2 \times 3^a \times 7$, $2^b \times 3 \times 5 \times 7^c$의 최소공배수가 $2^3 \times 3^2 \times 5 \times 7^3$일 때, 두 수의 최대공약수를 구하여라.

 풀·이·쓰·기

😀 Hint a, b, c를 먼저 구할까요?

2 두 수 $2^a \times 3^5 \times 7^2$, $2^5 \times 3^b \times 11^2$의 최대공약수가 $2^4 \times 3^3$일 때, 두 수의 최소공배수를 찾으면?

① $2^4 \times 3^3 \times 7^2$

② $2^2 \times 3^4 \times 11^2$

③ $2^5 \times 3^5 \times 7 \times 11$

④ $2^4 \times 3^3 \times 7 \times 11$

⑤ $2^5 \times 3^5 \times 7^2 \times 11^2$

 풀·이·쓰·기

😀 Hint 최소공배수는 그 값이 너무 커질 수 있기 때문에 보통 소인수분해된 상태로 답을 찾는 문제가 나와요.

012 최대공약수 활용하기

가로의 길이가 98cm 이고,
세로의 길이가 140cm인 직사각형
모양의 벽에 같은 크기의 정사각형 ~~가로=세로~~
모양의 타일을 빈틈없이 붙이고자 한다.
타일을 가능한 한 적게 사용할 때, ←남는 부분✗
필요한 타일은 모두 몇개인가?

타일을 가능한 한 적게 사용하려면
타일 한변의 길이가 최대가 되어야!

✏️ 풀·이·쓰·기

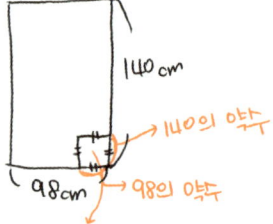

정사각형 타일 한 변의 길이는
140의 약수 이면서 98의 약수이므로
140과 98의 공약수여야 한다!

여기서! 타일이 크면 클수록
타일을 적게 사용할수 있으므로
140과 98의 최대공약수를 구하면
된다. $2^3 \times 5 \times 7$ 2×7^2

$140 = 2^3 \times 5 \times 7$
$98 = 2 \times \quad 7^2$
─────────────
최대공약수 $= 2 \times \quad 7 = 14$

따라서, 타일 한변의 길이는 14cm

$98 = 14 \times 7$, $140 = 14 \times 10$

이 타일은 가로에 7개
        세로에 10개

→ 총 70개가 필요하게 된다!

⚠️ Tip

• 1 cm × 1 cm도 정사각형이고, 2 cm × 2 cm
  도 정사각형이에요.
  하지만 문제에서는 타일을 가장 적게 사용
  한다고 말했어요.
  그러므로 140 m와 98 m의 최대공약수가
  한 변의 길이가 되는 거죠.

답 **70개**

I
수와 연산

1 가로의 길이가 70 cm이고, 세로의 길이가 112 cm인 직사각형 모양의 벽에 네 변의 길이가 같은 정사각형 모양의 타일을 빈틈없이 붙이고자 한다. 타일을 가능한 적게 사용할 때, 필요한 타일은 모두 몇 개인지 구하여라.

 풀·이·쓰·기

2 사과 45개와 귤 75개 모두를 최대한 많은 학생들에게 남김없이 똑같이 나누어 주려고 할 때, 몇 명의 학생에게 줄 수 있는지 구하여라.

 풀·이·쓰·기

Hint 최대, 공통, 약수 개념이 포함된 단어를 문제 속에서 찾아볼까요?

🔍 알아두면 좋아요

최대공약수의 활용? 최대, 공통, 약수의 개념이 포함된 단어를 찾아라!

── 최대 ──	── 공통 ──	── 약수 ──
가장 큰~, 최대한 많은~ 등	똑같이, 정사각형 등	남김없이 나누는~, 빈틈없이 나누는~ 등

다음과 같은 단어들이 있으면 최대공약수를 구하는 문제일 확률이 커요!

013 ★로 나누면 남고, 부족하다?

어떤 자연수로 50을 나누면 2가 남고
70을 나누면 2가 부족하고,
80을 나누면 나누어 떨어진다.
이 조건을 만족하는 어떤 자연수를
모두 구하여라.

⚠ Tip

• 남고 부족한 문제
  어떻게 하면 나누어떨어지게 할 수 있지?
  ① 남았다? 그만큼 빼 주면 해결!
  ② 부족하다? 그만큼 더해 주면 해결!

✏ 풀·이·쓰·기

어떤 자연수를 ★ 이라고 하면,

① 50을 ★ 로 해서 나머지가 2였다
  ⇒ 48÷★ 이었다면? 나누어떨어짐
          ↑
      48의 약수

② 70÷★ 은 2가 부족했다?
  ⇒ 72÷★ 이었다면? 나누어 떨어짐
          ↑
      72의 약수

③ 80÷★ 은 바로 나누어떨어지겠다?
          ↑
      80의 약수

즉! ★ 은 48, 72, 80의 공약수
                    ↘ 최대공약수
  48 = 2⁴×3   8의 약수
  72 = 2³×3²   ⇒ 1,2,4,8
  80 = 2⁴× 5
─────────────────
최대공약수 = 2³ =8

그런데 !! 조건① 에서 나머지가 2
⇒즉! 나누는수가 2보다는 커야한다
그럼 답은? 1,2,4,8 중 4,8 만!

답 4, 8

지연쌤의 SNS

✉ 왜 나머지가 2면 나누는 수가 2보다 커야 하죠?

만약 2로 나누는 경우를 생각해 볼까요?

2)★
 ⋮
 2

다음의 식에서
이렇게 남을 수 있을까요? 다시 또 2로 나눌 수 있는데?
그렇지 않죠? 나머지는 나누는 수보다 적을 수밖에 없어요!

44 ● 중학수학 유형 레시피 중①

1 어떤 자연수로 50을 나누면 2가 남고, 34를 나누면 2가 부족하고, 60을 나누면 나누어떨어진다. 이를 만족하는 가장 큰 자연수를 구하여라.

 풀·이·쓰·기

2 어떤 자연수로 50을 나누면 2가 남고, 34를 나누면 2가 부족하고, 60을 나누면 나누어떨어진다. 이 조건을 만족하는 어떤 자연수를 모두 구하여라.

 풀·이·쓰·기

😀 **Hint** 1번, 2번 두 문제를 비교해 봐요! 거의 같은 문제이지만 끝에 질문이 다르죠?

🔍 **알아두면 좋아요**

나눗셈을 다양하게 읽어 보자!

$A \div B$는 나머지가 0이다.

➡ A는 B로 나누어떨어진다.
➡ A는 B의 배수이다.   — 모~두 같은 의미예요!
➡ B는 A의 약수이다.

톱니가 각각 20개, 32개인
두 톱니바퀴 A, B가 서로 맞물려
돌고 있다. 두 톱니바퀴가 회전하기
시작하여 처음으로 다시 같은 톱니에서
맞물릴 때까지 A톱니바퀴는 <u>최소공배수</u>
몇 회전하였을까?

 풀·이·쓰·기

A톱니는

1바퀴	2바퀴	3바퀴	4바퀴
20개	40개	60개	80개

⇒ 20의 배수만큼 맞물리고 있다.

B톱니는 마찬가지로 생각하면
⇒ 32의 배수만큼 맞물림!

두 톱니가 처음으로 다시 맞물리려면
20과 32의 <u>최소공배수</u> 지점에서
만나게 된다.

$\boxed{160}$ 개의 톱니가 맞물리면
같은 톱니 지점이 된다!

그럼, A톱니는 160개가 지날 동안
20개 → 8배
몇 회전하였을까?
20개가 8번 회전해야 160개이므로
A톱니는 <u>8회전</u>하였다

답 8회전

 Tip

- ① $20 = 2^2 \times 5$
           $32 = 2^5$
  _____
  최소공배수 $= 2^5 \times 5 = 160$
  ② 따라서 B톱니는 32개×5회전=160이므
  로 총 5번 회전했음을 알 수 있어요.

지연쌤의 SNS

☑ 최소공배수를 활용하는 문제들은 어떤 문제들이 있나요?

  ① 톱니바퀴 문제
  ② 두 버스가 동시에 출발하는 시간 문제
  ③ 직사각형을 쌓아서 정사각형을 만드는 문제
  ④ 두 전구가 동시에 깜빡이는 문제

1 톱니가 각각 40개, 36개인 두 톱니바퀴 A, B가 서로 맞물려 돌고 있다. 두 톱니바퀴가 회전하기 시작해서 처음으로 다시 같은 톱니에서 맞물릴 때까지 톱니바퀴 A는 몇 회전하는지 구하여라.

 풀·이·쓰·기

2 가로, 세로 길이가 각각 20 cm, 35 cm인 직사각형을 겹치지 않게 붙여서 가장 작은 정사각형을 만들려고 할 때, 정사각형 한 변의 길이를 구하여라.

 풀·이·쓰·기

🔘 **Hint** 이 문제는 어떤 문제일까요? 최소, 공통, 배수 개념을 문제 속에서 한번 찾아보면 무엇을 이용하는 문제인지 알 수 있겠죠?

🔍 **알아두면 좋아요**

최소공배수의 활용? 최소, 공통, 배수의 개념이 포함된 단어를 찾아라!

┌─ **최소** ─┐
가장 작은~,
가장 적게 사용해서~,
최소의~ 등

┌─ **공통** ─┐
똑같은, 공통으로,
정사각형, 맞물리는,
만나는 등

┌─ **약수** ─┐
늘어나는~,
쌓아가는~
등

다음과 같은 단어들이 있으면 최소공배수를 구하는 문제일 확률이 커요!

4, 5, 6 어느 것으로 나누어도
1이 부족한 세 자리의 자연수 중
가장 작은 수를 구하여라.
　　　　☆이라고 하자

풀·이·쓰·기

$$☆ \div \begin{matrix} 4 \\ 5 \\ 6 \end{matrix}$$ 어느 것으로 나누어도
1이 부족했다면!

⇒ 1이 (더) 있었더라면!

나누어 떨어졌을 텐데!

즉, ☆+1 이었다면!
　　　4, 5, 6으로 나누어떨어졌다

4, 5, 6의 배수였다!

⇒ 4, 5, 6의 최소공배수가 60

☆+1 의 후보 : 60의 배수

↳ 60, (120), 180, 240, ⋯

세 자리 자연수
그중 가장 작은 수

☆+1 = 120 이므로

⇒ ☆ = 119

답 119

Tip

• 최소공배수 구하기

```
2) 4  5  6
    2  5  3
```
최소공배수 $= 2 \times 2 \times 5 \times 3 = 60$

• 여기서 주의할 점!

120을 찾았다고 끝내면 안 돼요.
문제는 나누어떨어지는 수가 아닌
1 부족한 수를 찾고 있죠?
다시 1이 부족하게 만들어 줘야 해요.

지연쌤의 SNS

☑ 남고, 부족한 문제 더해야 할지 빼야 할지 잘 모르겠어요!

남고, 부족한 문제는 항상 '나누어떨어지게' 만드는 것이 핵심이에요.
만약 1이 부족했다면? 1이 더 있으면 나누어떨어지겠죠? ➡ 1을 더한다.
만약 3이 남는다면? 3이 덜 있었으면 나누어떨어지겠죠? ➡ 3을 뺀다.

1 5, 6, 9 어느 것으로 나누어도 1이 부족한 세 자리의 자연수 중 가장 작은 수를 구하여라.

 풀·이·쓰·기

2 6, 8, 10 어느 것으로 나누어도 3이 남는 300 이하의 자연수를 모두 구하여라.

 풀·이·쓰·기

💬 **Hint** 3이 남는다고?
답은 (나누어떨어지는 수) +3이 되겠구나!

🔍 **알아두면 좋아요**

두 분수 $\frac{1}{15}$, $\frac{1}{18}$의 어느 것에 곱하여도 그 결과가 자연수가 되도록 하는 가장 작은 자연수는?

$\frac{1}{15}$×★와 곱하여 자연수가 되려면? ★은 무조건 15의 배수

$\frac{1}{18}$×♠와 곱하여 자연수가 되려면? ♠은 무조건 18의 배수 ⟶ 15와 18의 공배수

그런데 가장 작은 자연수라고? 아하! 최소공배수를 구하는 문제구나!

다음 수에 대한 설명으로 옳지 <u>않은</u> 것은?

$$-\frac{1}{3} , \ 10, \ -\frac{10}{2}, \ -4.5, \ 3\frac{2}{5}$$

① 음수는 3개이다.

② 정수는 2개이다.

③ 자연수는 1개이다.

④ 양의 유리수는 2개이다.

⑤ 정수가 아닌 유리수는 4개이다. (X)
　　　　　　　　　　　　　　　└→ 3개

 풀·이·쓰·기

① 음수 : $-\frac{1}{3}$, $-\frac{10}{2}$, -4.5
　　　　└→ ⊖ 붙어있는 수 찾기!

② 정수 : 10, $\boxed{-\frac{10}{2}}$
　　　　↙　　　　　└→ 약분하면 -5
　양의정수

③ 자연수 : 10

④ 양의 유리수 : 10, $3\frac{2}{5}$
　　　　└→ ⊕ 붙은거 다~

⑤ 정수가 아닌 유리수
　$10, -\frac{10}{2}$ 빼고 다!
　⇒ $-\frac{1}{3}, -4.5, 3\frac{2}{5}$

답 ⑤

⚠ **Tip**

• ① 음의 정수 ≠ 음수
　　└─ 정수 중에서 ⊖인 수 ── ⊖인 수 모두!
　② 양의 정수 = 자연수
　③ 정수가 아닌 유리수
　　└─ 정수를 찾아 하나씩 지워 보자!

지연쌤의 SNS

✉ 숫자 3은 자연수일까요? 정수일까요? 유리수일까요?

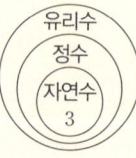

숫자 3은 자연수이면서 정수이면서 유리수인 숫자예요! 그래도 어렵다고요? 그럼 다음 그림을 볼까요?

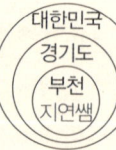

선생님은 부천시민이면서, 경기도민이면서, 대한민국의 국민이랍니다. 어때요 이해가 되었나요?

1 다음 |보기|에서 수에 대한 설명으로 옳지 <u>않은</u> 것은?

 풀·이·쓰·기

|보기|

$$0, \ -\frac{12}{3}, \ +3.4, \ 7, \ -\frac{9}{2}$$

① 양수는 2개이다.
② 정수는 3개이다.
③ 자연수는 1개이다.
④ 음의 유리수는 2개이다.
⑤ 정수가 아닌 유리수는 3개이다.

2 다음 |보기|에서 □에 들어갈 수 있는 수를 모두 구하여라.

풀·이·쓰·기

$$유리수 \begin{cases} 정수 \begin{cases} 양의 \ 정수 \\ 0 \\ 음의 \ 정수 \end{cases} \\ \boxed{} \end{cases}$$

|보기|

$$+\frac{8}{2}, \ -1.7, \ +\frac{2}{7}, \ 0, \ -\frac{9}{4}, \ +5$$

 Hint 빈칸은 '정수가 아닌 유리수'입니다. 분수는 꼭 약분이 되는지 먼저 체크해요.

〈보기〉의 설명 중 옳은 것을 모두 고르면?

───── 〈보기〉─────

㉠ 0은 양수도 아니고, 음수도 아니다.

㉡ 가장 작은 양수는 1이다.

㉢ 유리수는 양의 유리수와 음의 유리수로 나눌 수 있다.

㉣ 서로 다른 두 유리수 사이에는 무수히 많은 유리수가 있다.

㉤ 유리수가 아닌 정수도 있다.

풀·이·쓰·기

㉡ 가장 작은 양수는 1이다? No!
　　　　　 양의 유리수
⇒ 0.1, 0.0001, 0.00001, ⋯
　　　　모두 양수이다.

★ 가장 작은 "양의 정수"는 1이다.

㉢ 유리수 ─ 양의 유리수
　　　　 ├─ 0
　　　　 └─ 음의 유리수

㉣ 3.2와 3.3 사이에도
　　　 3.21, 3.24, ⋯
　　　 계속 찾을 수 있다!

㉤ 유리수: 분수로 나타낼수 있는수
정수는 모~두 분수로 나타낼수 있다.
　　　　↓
$-\frac{3}{1}$, $-\frac{2}{1}$, $-\frac{1}{1}$, $\frac{0}{1}$, $\frac{1}{1}$, $\frac{2}{1}$, $\frac{3}{1}$, ⋯

⇒ 정수는 모두 유리수이다!

답 ㉠, ㉣

지연쌤의 SNS

☑ 모든 정수는 분수로 표현할 수 있어요!

$$10 = \frac{10}{1} = \frac{20}{2} = \frac{100}{10}$$

☑ 두 유리수 사이에는 언제나 무수히 많은 유리수가 있어요!

2.3과 2.4 사이에도 2.31, 2.312, 2.36... 등등 무수히 많은 유리수가 있어요.

☑ 0은 양수와 음수 어느 쪽으로도 끌려가지 않아야 해요!

0은 양수와 음수 사이에서 언제나 중심이고 기준이에요.

1 다음 |보기|의 설명 중 옳은 것을 모두 골라라.

> |보기|
> ㄱ. 0은 양수이다.
> ㄴ. 가장 작은 양의 정수는 1이다.
> ㄷ. 정수는 양의 정수와 음의 정수로 나눌 수 있다.
> ㄹ. 서로 다른 두 정수 사이에는 무수히 많은 정수가 있다.
> ㅁ. 0은 유리수이다.

✎ 풀·이·쓰·기

💬 **Hint** 0은 분수로 나타낼 수 있어요.

🔍 **알아두면 좋아요**

0이 유리수라고요? 분수로 나타낼 수 있다고요?

네! $\dfrac{0}{1}$, $\dfrac{0}{2}$, $\dfrac{0}{100}$, $\dfrac{0}{1000}$, ⋯ 이 분수들은 모두 0을 의미해요.

거꾸로 생각해 볼까요? $\dfrac{0}{1} = 0 \div 1 = 0 \times \dfrac{1}{1} = 0$ 맞죠?

0은 분수로 표현할 수 있는 수이기 때문에 0도 유리수가 맞아요.

단, $\dfrac{0}{0}$은 절대 안 된다는 것을 기억하세요. (분모는 0이 될 수 없어요.)

수직선 위에서 $-\frac{11}{4}$에 가장 가까운 정수를 Ⓐ, $\frac{10}{3}$에 가장 가까운 정수를 Ⓑ라고 할때, A, B의 값을 각각 구하여라.

① Tip

• 분수를 수직선에 표현할 때는 대분수로 바꾸어 표현하면 쉽게 표현할 수 있어요.
예를 들어 $-\frac{11}{3}$ 을 대분수로 표현하면 $-3\frac{2}{3}$이죠?
먼저 수직선에서 -3만큼 움직이고, 그 다음 수직선 한 칸을 3등분하여 2조각만큼만 더 움직이면 이해하기 편해요.

🖊 풀·이·쓰·기

① $-\frac{11}{4} = -1\frac{3}{4}$ 이므로

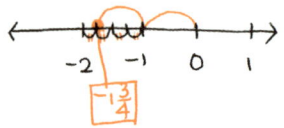

가장 가까운 정수는 -2

② $\frac{10}{3} = 3\frac{1}{3}$ 이므로

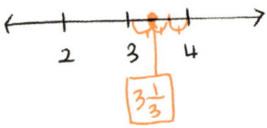

가장 가까운 정수는 3

따라서, $A = -2$, $B = 3$ 이다.

답 $A = -2$, $B = 3$

지연쌤의 SNS

☑ 수직선은 언제 이용하면 좋은가요?
  ① 여러 가지 수들의 크기를 비교할 때
  ② 절댓값 또는 원점에서부터의 거리를 찾을 때 → 이럴 때 이용하면 매우 유용해요!
  ③ 나중에 유리수의 덧셈을 할 때

1 수직선 위에서 $-\dfrac{14}{3}$에 가장 가까운 정수를 A, $\dfrac{9}{4}$에 가장 가까운 정수를 B라고 할 때, A와 B의 값을 각각 구하여라.

 풀·이·쓰·기

2 $-\dfrac{10}{3}$과 $\dfrac{9}{5}$ 사이의 정수는 모두 몇 개인지 구하여라.

 풀·이·쓰·기

Hint 수직선을 그려 보고 두 수 사이에 있는 정수를 표시해 볼까요.

📖 **수학 읽기**

수직선은 1차원!

수직선은 직선 위에 기준점 O를 원점으로 이 점에 수 0을 대응시키고 좌우 일정한 간격에 점을 찍어 왼쪽에는 음수, 오른쪽에는 양수를 표현하는 직선이에요.
이런 수직선을 1차원 좌표계라고 부르죠. 수직선에 세로로 선을 하나 더 그으면 어떻게 될까요? 맞아요. 십자 모양의 수직선이 만들어지는데 이것을 2차원 좌표계라고 해요. 선에서 면으로 변한 거죠! 그럼 3차원 좌표계는 어떻게 생겼을까요?

절댓값이 같고 부호가 반대인

원점으로부터 거리 같음

두 정수 a, b에 대하여

a가 b보다 16만큼 클 때,

차이가 16

b의 값은?

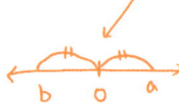

b o a

✏ 풀·이·쓰·기

a가 b보다 16만큼 크기 때문에

수직선 상에서 a와 b를 나타내는

점 사이의 거리가 16이다.

b 16 a ①

그런데 !!

a, b의 절댓값이 같으니까

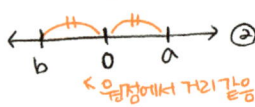

b 0 a ②

원점에서 거리 같음

수직선 ①, ②를 합쳐보면

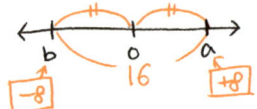

b 16 a

-8 +8

$a=+8$, $b=-8$ 이 된다!

> 답 $b=-8$

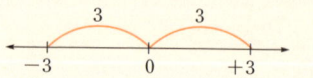

1 절댓값이 같고 부호가 반대인 두 정수 a, b에 대하여 a가 b보다 14만큼 클 때, a와 b의 값을 각각 구하여라.

 풀·이·쓰·기

2 두 수 a, b 사이의 거리가 15이고, $|a|=|b|$일 때, a와 b의 값을 각각 구하여라. (단, $a>b$)

 풀·이·쓰·기

💬 **Hint** 절댓값이 같다는 것은 두 수 사이의 정가운데에 0이 있다는 것을 의미해요.

🔍 **알아두면 좋아요**

절댓값의 성질

① 양수, 음수의 절댓값은 그 수에서 부호 +, −를 떼어낸 수와 같아요.

② 0의 절댓값은 0이다. 즉, $|0|=0$이에요.

③ 절댓값은 항상 0보다 크거나 같아요.

④ 값을 수직선 위에 나타낼 때, 0에 대응하는 점에서 멀리 떨어질수록 절댓값이 커져요.

$-\dfrac{23}{5}$ 보다 작은 정수 중 가장 큰 수를 Ⓐ라 하고, $\dfrac{17}{6}$ 보다 큰 정수 중 가장 작은 수를 Ⓑ라 할 때, $|A|+|B|$의 값은?

풀·이·쓰·기

① $-\dfrac{23}{5} = -4\dfrac{3}{5}$ 이므로

-5 -4 -3 -2

└ 보다 작은 정수 중 가장 큰 수

② $\dfrac{17}{6} = 2\dfrac{5}{6} = 2.xxx \cdots$

0 1 2 3 4

$\dfrac{17}{6}$ 보다 큰 정수 중 가장 작은 수

⇒ A = -5, B = 3

③ $|A|+|B|$
$= |-5| + |3|$
$= 5 + 3 = 8$

답 8

! Tip

· 가분수를 대분수 형태로 바꾸면 수직선에서 어디에 있는지 쉽게 확인할 수 있어요.

지연쌤의 SNS

✉ 음수끼리는 어떻게 비교하나요?

양수끼리는 크면 클수록 제일 큰 숫자가 되죠?
음수는 그렇지 않습니다. 음수끼리는 그 절댓값이 작으면 작을수록 큰 숫자가 되죠.

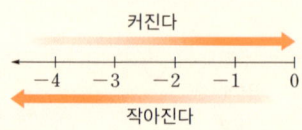

커진다

-4 -3 -2 -1 0

작아진다

그래서 (-100)은 (-2)보다 훨~씬 작은 수랍니다.

1 $-\dfrac{17}{4}$보다 작은 정수 중 가장 큰 수를 A라고 하고, $\dfrac{10}{3}$보다 큰 정수 중 가장 작은 수를 B라고 할 때, $|A|+|B|$의 값을 구하여라.

 풀·이·쓰·기

I

수와 연산

2 -3보다 작은 정수 중 가장 큰 수를 A라고 하고, $\dfrac{12}{5}$보다 큰 정수 중 가장 작은 수를 B라고 할 때, 두 수의 절댓값의 차이를 구하여라.

 풀·이·쓰·기

Hint 차이를 구할 때는 큰 것에서 작은 것을 빼야 해요!

🔍 **알아두면 좋아요**

수의 대소관계

수직선 위에서 수는 오른쪽으로 갈수록 커지고, 왼쪽으로 갈수록 작아져요.
① (음수)$<0<$(양수)   예) $-1<0<+2$
② 양수끼리는 절댓값이 큰 수가 더 크다.   예) $|+2|<|+5|$ ➡ $2<5$
③ 음수끼리는 절댓값이 큰 수가 더 작다.   예) $|-5|>|-2|$ ➡ $-5<-2$

$-\frac{2}{3}$보다 크고 $\frac{1}{2}$보다 작은 유리수 중에서 분모가 6인 기약분수의 개수를 구하시오.

$$-\frac{2}{3} < ☆ < \frac{1}{2}$$

Tip

- $\frac{0}{6}$은 기약분수인가?

  $\frac{0}{6} = 0 \div 6 = 0 \times \frac{1}{6} = 0$이에요.

  따라서 분모가 6인 기약분수가 아니죠.

 풀·이·쓰·기

먼저 6으로 통분하면!

$-\frac{4}{6}$보다 크고, $\frac{3}{6}$보다 작은 유리수

$$-\frac{4}{6}, -\frac{3}{6}, -\frac{2}{6}, -\frac{1}{6}, \frac{0}{6},$$
$$\frac{1}{6}, \frac{2}{6}, \frac{3}{6}$$

➡ 여기서 분모가 6인 기약분수를 찾으려면? 약분이 조금이라도 되는 경우를 지우면 된다!

➡ 남은 수는? $-\frac{1}{6}, \frac{1}{6}$ 뿐!

2개

답 2개

지연쌤의 SNS

☑ 기약분수를 다른 말로도 표현할 수 있나요?

'분모가 10인 기약분수를 구하여라.'라는 말은 '분모가 10인 상태에서 더는 약분할 수 없는 상태'여야 한다는 말이에요.

1 $-\dfrac{1}{2}$보다 크고 $\dfrac{3}{5}$보다 작은 유리수 중에서 분모가 10인 기약분수의 개수를 구하여라.

풀·이·쓰·기

2 두 유리수 $-\dfrac{1}{3}$과 $\dfrac{3}{4}$ 사이에 있는 분모가 12인 정수가 아닌 유리수의 개수를 구하여라.

풀·이·쓰·기

Hint 분모를 12로 통분하자! 약분이 되면 분모가 더 이상 12가 아니므로 탈락이에요.

🔍 알아두면 좋아요

만약 $-\dfrac{2}{3}$와 $\dfrac{1}{2}$ 사이에 있는 기약분수의 개수를 구할 때 분모를 6으로 통분해서 $-\dfrac{4}{6}$와 $\dfrac{3}{6}$ 사이의 수를 구하면 되죠? 그러면 분모에 6을 깔아 놓아 봐요!

$$\dfrac{-3,\ -2,\ -1,\ 0,\ 1,\ 2}{6} \implies \dfrac{\cancel{-3},\ \cancel{-2},\ -1,\ 0,\ 1,\ \cancel{2}}{6}$$ 와 같이 편하게 정리할 수 있어요.

단! 서술형 문제에서는 이렇게 풀지 말고, 정확한 수학식을 이용해서 풀어요.

두 수 A, B에 대하여

$A = (-4) + \left(-\dfrac{3}{2}\right) - \left(-\dfrac{5}{2}\right)$,

$B = 2 - 3 + \dfrac{1}{5}$ 일 때,

A−B의 값을 구하여라.

풀·이·쓰·기

① $A = (-4) + \left(-\dfrac{3}{2}\right) - \left(-\dfrac{5}{2}\right)$

↓ 뺄셈을 덧셈으로

$= (-4) + \left(-\dfrac{3}{2}\right) + \left(+\dfrac{5}{2}\right)$

먼저 계산
(덧셈의 결합법칙)

$= (-4) + \left(+\dfrac{2}{2}\right)$

$= (-4) + (+1) = \boxed{-3}$

② $B = 2 - 3 + \dfrac{1}{5}$

$= (+2) + (-3) + \left(+\dfrac{1}{5}\right)$

$= (-1) + \left(+\dfrac{1}{5}\right)$

통분 ↓

$= \left(-\dfrac{5}{5}\right) + \left(+\dfrac{1}{5}\right) = \boxed{-\dfrac{4}{5}}$

③ $A - B = (-3) - \left(-\dfrac{4}{5}\right)$

뺄셈을 덧셈으로

$= (-3) + \left(+\dfrac{4}{5}\right)$

통분

$= \left(-\dfrac{15}{5}\right) + \left(+\dfrac{4}{5}\right)$

$= \left(-\dfrac{11}{5}\right)$ ⭐

⚠ Tip

· 뺄셈을 덧셈으로 바꾸고 빼는 수의 부호를 바꿔요!

$$(+3) - (+5)$$

덧셈으로! ⌐ 부호 바꿔!

· 괄호가 없는 식은 덩어리로 괄호 안에 넣어 덧셈으로 계산해요!

$$③ - ② + 5 = (+3) + (-2) + (+5)$$

답 $-\dfrac{11}{5}$

1 두 수 A, B에 대하여

$$A=\left(+\frac{3}{4}\right)-\left(+\frac{2}{3}\right),$$

$$B=\left(-\frac{2}{5}\right)-\left(-\frac{9}{10}\right)$$일 때,

$A+B$의 값을 구하여라.

 풀·이·쓰·기

2 두 수 A, B에 대하여

$$A=(-3)+\left(-\frac{1}{2}\right)-\left(-\frac{4}{3}\right),$$

$$B=-2+3-\frac{2}{3}$$일 때,

$A+B$의 값을 구하여라.

풀·이·쓰·기

📖 **수학 읽기**

부호가 같은 두 수의 덧셈

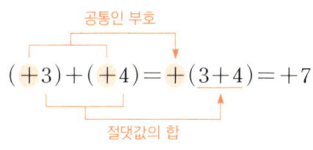

$$(+3)+(+4)=+(3+4)=+7$$

공통인 부호 / 절댓값의 합

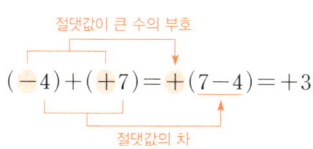

$$(-3)+(-4)=-(3+4)=-7$$

공통인 부호 / 절댓값의 합

부호가 다른 두 수의 덧셈

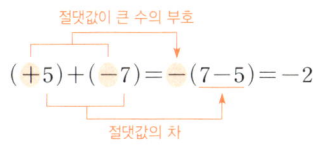

$$(+5)+(-7)=-(7-5)=-2$$

절댓값이 큰 수의 부호 / 절댓값의 차

$$(-4)+(+7)=+(7-4)=+3$$

절댓값이 큰 수의 부호 / 절댓값의 차

I 수와 연산

-2보다 -3만큼 작은 수를 a,
a보다 -½만큼 큰 수를 b라할때,
a, b의 값을 각각 구하여라.

풀·이·쓰·기

① -2 보다 -3만큼 [작은 수]

$\Rightarrow (-2) - (-3)$

-2 보다   작은수   -3만큼

$\Rightarrow (-2)-(-3) = (-2)+(+3) = +1$

$\therefore \boxed{a = +1}$

② a보다 -½ 만큼 큰 수

$\Rightarrow (+1) + \left(-\frac{1}{2}\right)$

+1보다   큰수   -½만큼

$\Rightarrow (+1) + \left(-\frac{1}{2}\right)$

$= \left(+\frac{2}{2}\right) + \left(-\frac{1}{2}\right) = +\frac{1}{2}$

$\therefore \boxed{b = +\frac{1}{2}}$

답 $a = +1,\ b = +\frac{1}{2}$

Tip

• ☆보다 ♡만큼 작다. ➡ ☆ － ♡
               뺄셈!

• ☆보다 ♡만큼 크다. ➡ ☆ ＋ ♡
               덧셈!

지연쌤의 SNS

☑ 이제부터 덧셈은 '이어서~', '연속해서~'라는 개념으로 기억하세요!

원점에서 출발, (+6만큼 가라) 이어서 (-2만큼 가라)

0   (+6)   +   (-2)

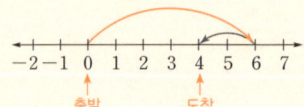

도착 지점은? +4

1 -3보다 -1만큼 작은 수를 A, A보다 $-\dfrac{2}{3}$만큼 큰 수를 B라고 할 때, A와 B의 값을 각각 구하여라.

 풀·이·쓰·기

2 4보다 $\dfrac{5}{3}$만큼 큰 수를 A, -5보다 $-\dfrac{7}{3}$만큼 작은 수를 B라고 할 때, $A+B$의 값을 구하여라.

 풀·이·쓰·기

😀 Hint ☆보다 ♡만큼 작은 수는 (☆−♡)로 표현할 수 있어요!

📖 **수학 읽기**

빼기와 빼기가 만나면 더하기라고?

여기에 $(+10)-(-4)$라는 식이 있어요. 이것을 우리가 걷는 것으로 생각해 볼까요?
$(+10)$은 제자리에서 앞으로 10걸음 걷는 것을 말해요. 그런데 다음에 $(-)$가 있죠?
그럼 뒤로 걸어야 하는데 또 -4가 있어요. 다시 한 번 뒤로 돌면 어떻게 되나요?
맞아요! 다시 앞을 보게 되죠. $-(-4)$는 $(+4)$와 같은 말이에요.
따라서 $(+10) - (-4)=(+10)+(+4)=14$가 되죠.

두수 a, b에 대하여

$|a|=2$, $|b|=7$ 일 때,

b → $a=2$ or -2 → $b=7$ or -7

$a+b$의 값 중 가장 큰 값과

가장 작은 값의 차를 구하여라.

 풀·이·쓰·기

$|a|=2$ 이면 $a=+2$ or $a=-2$

$|b|=7$ 이면 $b=+7$ or $b=-7$

① $a+b$가 가장 큰 경우는

$a=+2$, $b=+7$ 일 때 !

$\Rightarrow a+b=(+2)+(+7)=+9$

② $a+b$가 가장 작은 경우는

$a=-2$, $b=-7$ 일 때 !

$\Rightarrow a+b=(-2)+(-7)=-9$

③ 두 값의 차를 구하면

큰수 − 작은수

$(+9)-(-9)=(+9)+(+9)$

$= +18$

답 18

 Tip

- 절댓값이 주어진 경우
  항상 후보가 두 명이 나오는 것을 생각해야
  해요. (절댓값이 0인 경우 제외)

지연 쌤의 SNS

☑ 절댓값이 주어진 수의 덧셈과 뺄셈!

$|a|=2$, $|b|=7$일 때, a는 $+2$ 또는 -2이고, b는 $+7$ 또는 -7이다.

① $a+b$값이 가장 큰 경우 ➡ $(+2)+(+7)$

② $a+b$값이 가장 작은 경우 ➡ $(-2)+(-7)$

③ $a-b$값이 가장 큰 경우 ➡ $(+2)-(-7)$

④ $a-b$값이 가장 작은 경우 ➡ $(-2)-(+7)$

1 두 수 a, b에 대하여 $|a|=3$, $|b|=5$일 때, $a+b$의 값 중 가장 큰 값과 가장 작은 값의 차를 구하여라.

 풀·이·쓰·기

2 두 정수 a, b에 대하여 $|a|<6$, $|b|<7$일 때, $a+b$의 값 중 가장 작은 값을 구하여라.

 풀·이·쓰·기

☺ **Hint** $|a|<6$을 만족하는 a값 중 제~일 작은 값과 $|b|<7$을 만족하는 b값 중 제~일 작은 값을 찾아요.

🔍 **알아두면 좋아요**

절댓값 문제에서 틀리기 쉬운 것들!

$|-2|=+2$입니다. 그렇다면 $-|2|$의 값은 무엇일까요?

이 문제는 절댓값 때문에 답을 $+2$로 생각할 수 있지만, 자세히 보면 $(-)$부호가 절댓값 밖에 있어요. 따라서 절댓값을 먼저 계산하고 그 다음에 부호를 붙여야 하죠.

답은 $-|2|=-2$예요! 그럼 $-|-4|$를 풀어볼까요? 맞아요. 답은 -4예요.

I

수와 연산

유리수의 곱셈과 나눗셈

$$\underline{\left(-\frac{2}{3}\right) \times \left(-\frac{3}{4}\right) \times \cdots \times \left(-\frac{9}{10}\right)}$$ 를

계산한 결과를 A라고 할 때,

$A \div \left(-\frac{2}{5}\right)$의 값은?

① 약분이 되는 규칙을
   찾아보자!

② 음수가 몇 개인지
   체크하자!

✏ 풀·이·쓰·기

$$\left(-\frac{2}{\boxed{3}}\right) \times \left(-\frac{3}{4}\right) \times \cdots \times \left(-\frac{8}{9}\right) \times \left(-\frac{9}{\boxed{10}}\right)$$

분모가 3~10까지 있으므로
총 음수ⓞ는 8개!

$$\Rightarrow \underbrace{\ominus \times \ominus \times \ominus \times \ominus \times \ominus \times \ominus \times \ominus \times \ominus}_{\oplus}$$

$$= +\left(\frac{2}{3} \times \frac{3}{4} \times \frac{4}{5} \times \cdots \times \frac{7}{8} \times \frac{8}{9} \times \frac{9}{10}\right)$$

$$= +\frac{2}{10} = \boxed{\frac{1}{5}}$$

$$\therefore A = \frac{1}{5}$$

$$A \div \left(-\frac{2}{5}\right) = \frac{1}{5} \div \left(-\frac{2}{5}\right)$$

↑
$\frac{1}{5}$

↓곱셈 ↓역수

$$= \frac{1}{5} \times \left(-\frac{5}{2}\right)$$

$$= \boxed{-\frac{1}{2}}$$

📌 답 $-\dfrac{1}{2}$

❗ Tip

• 유리수의 곱셈에서 (−)부호가 여러 개 있으
  면 순차적으로 계산하거나 (−)부호의 개수
  를 꼭 확인해요!

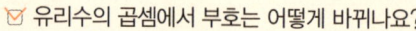

지연쌤의 SNS

☑ 유리수의 곱셈에서 부호는 어떻게 바뀌나요?

유리수의 곱셈에서는 절댓값끼리 먼저 곱하고, 부호만 잘 결정해주면 된답니다!

① $(+) \times (+) \Rightarrow (+)$
② $(-) \times (-) \Rightarrow (+)$
③ $(+) \times (-) \Rightarrow (-)$
④ $(-) \times (+) \Rightarrow (-)$

1 $(-3)^2 \div (-2)^2 \times \left(-\dfrac{1}{9}\right)$ 를 계산한 결과로 옳은 것은?

① $-\dfrac{1}{9}$ ② $-\dfrac{3}{4}$ ③ $-\dfrac{1}{4}$

④ $\dfrac{1}{4}$ ⑤ $\dfrac{3}{4}$

 풀·이·쓰·기

2 $\left(-\dfrac{1}{2}\right) \times \left(-\dfrac{2}{3}\right) \times \left(-\dfrac{3}{4}\right) \times \cdots \times \left(-\dfrac{9}{10}\right)$ 을 계산한 결과를 A라고 할 때, A^2의 값을 구하여라.

 풀·이·쓰·기

😊Hint 문제를 자세히 보면 일정한 규칙이 있어요!

🔍**알아두면 좋아요**

계산 순서를 지키자!

유리수를 계산할 때는 꼭 순서를 지키며 계산을 해야 올바른 답이 나와요.

📌 $6^2 \div (-3)^2 \times \dfrac{1}{9}$ 을 계산한 값을 구하여라.

① 바르게 계산한 결과

$6^2 \div (-3)^2 \times \dfrac{1}{9}$

$= 36 \div 9 \times \dfrac{1}{9}$

$= 36 \times \dfrac{1}{9} \times \dfrac{1}{9}$

$= 4 \times \dfrac{1}{9} \times \dfrac{4}{9}$

② 잘못 계산한 결과

$6^2 \div (-3)^2 \times \dfrac{1}{9}$

$= 36 \div 9 \times \dfrac{1}{9}$

$= 36 \div 1$

$= 36$

다음 중 계산 결과가 나머지 넷과 다른 하나는?

① $(-1)^2$

② $-(-1)^2$

③ $-(-1^2)$

④ $-(-1)^3$

⑤ $\{-(-1)\}^2$

풀·이·쓰·기

① $(-1)^2 = (-1) \times (-1) = \boxed{+1}$

② $-\boxed{(-1)^2} = -(+1) = \boxed{-1}$

  $\underline{(-1) \times (-1)}$
  $\twoheadrightarrow \boxed{+1}$

③ $-(-1^2) = -(-1) = \boxed{+1}$

  $\underline{}$
  $-|x| = -1$

④ $-\boxed{(-1)^3} = -(-1) = \boxed{+1}$

  $\underline{(-1) \times (-1) \times (-1) = -1}$

⑤ $\{-(-1)\}^2 = (+1)^2 = \boxed{+1}$

  $\underline{}$
  $+1$

결과가 다른 하나는 ② 번!

Tip

• 괄호와 지수의 위치를 정확히 볼 수 있어야 해요!

답 ②

지연쌤의 SNS

✉ $(-1)^n$의 비밀!

1^{100}은 100이라고요? 아니죠!

$1 \times 1 \times 1 \times \cdots \times 1 \times 1 = 1$이에요. 1은 아무리 곱해도 1이에요.

그래서 $(-1)^n$은 부호만 결정해주면 끝이에요.

n값이 짝수면, $(-)$가 짝수니까 $+1$이고,

n값이 홀수면, $(-)$가 홀수니까 -1이에요.

1 다음 중 계산 결과가 나머지 넷과 다른 것은?

 풀·이·쓰·기

① 3^2 ② -3^2 ③ $-(-9)$

④ $(-3)^2$ ⑤ $\{-(-3)\}^2$

2 $(-1)^{100}-(-1)^{101}+(-1^{100})$의 계산 결과를 구하여라.

 풀·이·쓰·기

😊 **Hint** -1은 두 번 곱하나 100번 곱하나 1000번 곱하나 똑같이 $+1$이에요!

📖 **수학 읽기**

$(-1)^2$ VS (-1^2)

똑같이 -1의 제곱이라고요? 그렇지 않아요! 너~무 달라요.
-1^2라고 그냥 이렇게 있으면 $(-)$부호는 가만히 두고 1만 두 번 곱하는 것이고,
$(-1)^2$라고 있으면 (-1)을 통째로 두 번 곱하라는 거구나! 하고 생각해요.

$$(-1)^2=(-1)\times(-1)=+1 \quad \text{VS} \quad (-1^2)=-(1\times1)=-1$$

수 와 연 산

I

세 유리수 a, b, c에 대하여
$a \times (b+c) = 10$ 이고,
$a \times b = -3$ 일 때,
$\boxed{a \times c}$ 의 값을 구하여라.

a, c를 각각 구하는 것이 아님!
$a \times c$ 값만 구하면 OK!

✏️ 풀·이·쓰·기

$a \times (b+c)$
  ↘ 분배법칙
$= a \times b + a \times c$

여기에서 $a \times b = -3$ 이므로

$$\underbrace{a \times (b+c)}_{10} = \underbrace{a \times b}_{-3} + a \times c$$

따라서

$\boxed{10 = -3 + a \times c}$ 가 된다.
                              ↘ 13

$a \times c = 13$ 이되어야

$10 = -3 + 13$ 을 완성하므로

∴ $a \times c = 13$

답 13

지연쌤의 SNS

☑ 분배법칙은 이런 상황에도 도움이 돼요!

① 계산하기 힘든 분수를 만났을 때!

$10 \times \left(-\dfrac{1}{2} + \dfrac{3}{5}\right)$

$= 10 \times -\dfrac{1}{2} + 10 \times \dfrac{3}{5}$

$= -5 + 6 = +1$

② 복잡한 계산을 단순하게 할 때!

$25 \times (100 + 3)$

$= 25 \times 100 + 25 \times 3$

$= 2500 + 75 = 2575$

72 ● 중학수학 유형 레시피 중①

1 세 유리수 a, b, c에 대하여 $a \times (b+c)$ $=8$이고, $a \times c = -2$일 때, $a \times b$의 값을 구하여라.

 풀·이·쓰·기

2 $2.78 \times 98 + 2.78 \times 2$를 분배법칙을 이용하여 계산하여라.

 풀·이·쓰·기

💬 **Hint** 2.78이 두 번이나 나오네? 분배법칙을 이용해요.

📖 **수학 읽기**

분배법칙

세 수 a, b, c에 대하여
$a \times (b+c) = a \times b + a \times c$이고, $(a+b) \times c = a \times c + b \times c$이다.

분배법칙은 문제를 쉽게 풀기 위해서도 알아두어야 하지만,
수학을 공부하면서 계~속 나오는 법칙 중 하나예요. 꼭 익숙해지도록 해요!

$-\dfrac{5}{2}$의 역수를 a, ①

1.6의 역수를 b, ②

-10의 역수를 c 라고 할 때 ③

$a \times b \div c$ 의 값을 구하여라. ④

문제가 4개라고 생각!

 풀·이·쓰·기

① $-\dfrac{5}{2}$의 역수 $= -\dfrac{2}{5}$

$\therefore a = -\dfrac{2}{5}$

② $1.6 = \dfrac{16}{10} = \dfrac{8}{5}$ 이므로

$\dfrac{8}{5}$의 역수 $= \dfrac{5}{8}$ $\therefore b = \dfrac{5}{8}$

③ $-10 = -\dfrac{10}{1}$이므로

$-\dfrac{10}{1}$의 역수 $= -\dfrac{1}{10}$

$\therefore c = -\dfrac{1}{10}$

④ $a \times b \div c$

$= -\dfrac{2}{5} \times \dfrac{5}{8} \div \left(-\dfrac{1}{10}\right)$

$= -\dfrac{2}{5} \times \dfrac{5}{8} \times \left(-\dfrac{10}{1}\right)$ 모두 곱셈으로

$= +\dfrac{5}{2}$

⚠ Tip

- 소수의 역수는 분수로 고치고 생각하는 것이 좋아요!
- 정수의 역수는 $\dfrac{정수}{1}$라고 분수로 고치고 역수를 생각하면 쉬워요!

답 $\dfrac{5}{2}$

지연쌤의 SNS

✉ 역수의 정확한 뜻이 뭐에요?

역수를 단순히 분모와 분자가 뒤집힌 수! 라고만 생각하는 친구들이 있어요.
그렇게 해도 문제를 풀 수 있지만, 정확한 뜻을 아는 것도 중요해요.
역수란 어떤 수에 대하여 두 수의 곱이 1이 되게 하는 숫자를 말해요.
$\dfrac{3}{5}$의 역수는 $\dfrac{5}{3}$예요. 두 수를 한번 곱해볼까요? $\dfrac{3}{5} \times \dfrac{5}{3} = 1$이죠?

1 $\frac{5}{2}$의 역수와 -0.1의 역수의 곱을 구하여라.

 풀·이·쓰·기

2 $-\frac{3}{2}$의 역수를 a, 1.2의 역수를 b, -3의 역수를 c라고 할 때, $a \times b \div c$의 값을 구하여라.

 풀·이·쓰·기

Hint 정수, 소수, 분수의 역수를 생각하면서 문제를 풀어요.

🔍 알아두면 좋아요

곱셈으로 통일하기!

유리수의 계산 문제에서 곱셈과 나눗셈이 섞여 있으면 복잡하죠?
그럴 때는 역수를 이용해서 모~두 곱셈으로 바꿔주면 쉽게 계산할 수 있어요.

곱셈으로 바꾼다.

$$(+12) \div \left(-\frac{6}{7}\right) = (+12) \times \left(-\frac{7}{6}\right) = -\left(12 \times \frac{7}{6}\right) = -14$$

역수로 바꾼다.

아래 표에서 가로, 세로, 대각선에 있는 세 수의 합이 모두 같을 때, a, b의 값을 각각 구하여라.

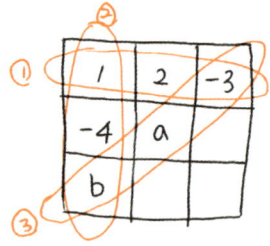

 풀·이·쓰·기

① $1+2+(-3) = 0$ 이므로

가로, 세로, 대각선에 있는 세 수의 합은 항상 0이다

② $1+(-4)+b = 0$ 이므로

$(-3)+b = 0$

$\therefore \boxed{b = +3}$

③ $b+a+(-3) = 0$ 이므로

$\rightarrow (+3)+a+(-3) = 0$

$0+a = 0$ 이되려면

$\therefore \boxed{a = 0}$

답 $a=0,\ b=3$

⚠ Tip

- 셋 중 두 개를 알고 있는 부분을 먼저 계산 하세요!

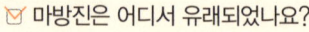
✉ 마방진은 어디서 유래되었나요?

마방진은 정사각형 모양의 격자 위에 자연수를 배열하여 세로, 가로, 대각선 방향으로 놓인 수의 합이 모두 같도록 만든 것이에요.

처음의 마방진은 중국 전설에서 찾을 수 있어요. 강물이 넘치지 않도록 공사를 하던 중에 나타난 거북이의 등껍질을 보고 마방진을 처음 발견하였다고 합니다.

1 다음 표에서 가로, 세로, 대각선에 놓인 세 수의 합이 모두 같을 때, $A+B-C$의 값을 구하여라.

 풀·이·쓰·기

A	$+3$	
	C	B
$+1$	0	$+5$

2 다음 그림의 삼각형에서 세 변에 놓인 네 수의 합이 모두 같도록 A와 B의 값을 구하여라.

 풀·이·쓰·기

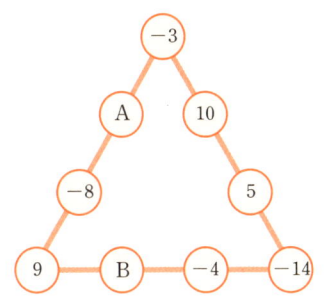

📖 **수학 읽기**

마방진을 이용한 게임 '스도쿠'

여러분은 '스도쿠'라는 두뇌 게임을 들어 보았나요?

가로 9칸, 세로 9칸으로 이루어진 표에 1부터 9까지 숫자를 채워 넣는 퍼즐 게임이에요. 숫자는 가로와 세로에 각각 1부터 9까지 한 번씩만 넣을 수 있고, 3×3칸의 작은 영역에도 1부터 9까지 숫자가 겹치지 않게 넣어야 해요.

두수 a, b에 대하여
$a \times b > 0$, $a + b < 0$ 일 때,
a, b의 <u>부호를</u> 각각 결정하여라.

곱해서 양수가 되려면?

$$\left[\begin{array}{l} \oplus \times \oplus = \oplus \\ \ominus \times \ominus = \oplus \end{array} \right.$$

⚠ Tip

• a, b의 값을 구하려고 하지 않아도 돼요!
  이 문제는 부호만 결정하는 문제니까요.

풀·이·쓰·기

$a \times b > 0$ 이 되려면
$\oplus \times \oplus$
$\ominus \times \ominus$

① $a > 0$, $b > 0$ 이거나
② $a < 0$, $b < 0$ 일 수 밖에 없다.

① 만약, $a > 0$, $b > 0$ 이라면
     $\oplus$ $\oplus$

   $a + b > 0$ 이 되므로 탈락!
   $\oplus + \oplus$

② 만약, $a < 0$, $b < 0$ 이라면
     $\ominus$ $\ominus$

   $a + b < 0$ 이 되므로 통과!
   $\ominus + \ominus$

따라서 ②번!
     $a < 0$, $b < 0$ 선택 ✸

📌 답 $a < 0, \ b < 0$

1 두 수 a, b에 대하여 $a \times b > 0$, $a + b > 0$ 일 때, a, b의 부호를 각각 결정하여라.

 풀·이·쓰·기

😊 **Hint** '$a \times b > 0$' 조건을 먼저 생각해 보고, 다음 조건을 생각해요.

2 두 수 a, b에 대하여 $a \div b < 0$, $a < b$일 때, a, b의 부호를 각각 결정하여라.

 풀·이·쓰·기

😊 **Hint** 나눗셈도 곱셈과 마찬가지! 부호가 같으면 양수, 부호가 다르면 음수예요.

🔍 **알아두면 좋아요**

두 유리수 a, b에 대하여

$a \times b > 0$ ➡ a, b는 같은 부호
            ➡ $a > 0$, $b > 0$ 또는 $a < 0$, $b < 0$
$a \times b < 0$ ➡ a, b는 다른 부호
            ➡ $a > 0$, $b < 0$ 또는 $a > 0$, $b < 0$

다음 수직선 위에서 점 C는 두 점 B, D로부터 같은 거리에 있는 점이고, 점 B는 두 점 A, C로부터 같은 거리에 있는 점이다. 점 B가 나타내는 수가 $-\frac{4}{9}$, 점 D가 나타내는 수는 $\frac{2}{3}$일 때, 두 점 A, C가 나타내는 수를 구하여라.

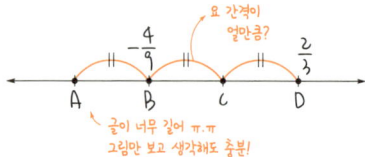

요 간격이 얼마큼?

A $-\frac{4}{9}$ B   D $\frac{2}{3}$

글이 너무 길어 ㅠ.ㅠ
그림만 보고 생각해도 충분!

⚠️ Tip

• 두 점 사이의 거리를 알고 싶을 때
 (큰 수) − (작은 수)

• 중간지점을 알고 싶을 때
 (두 점 사이의 거리) × $\frac{1}{2}$

 풀·이·쓰·기

그림에서 A, B, C, D 네 수 사이의 간격은 B와 D 사이 간격의 절반!

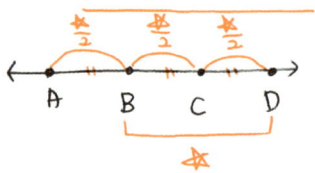

$\frac{☆}{2}$ $\frac{☆}{2}$ $\frac{☆}{2}$

A   B   C   D

☆

① B ~ D 사이의 간격

$$\Rightarrow \frac{2}{3} - \left(-\frac{4}{9}\right) = \frac{6}{9} + \left(+\frac{4}{9}\right)$$

큰수 − 작은수 $= \boxed{\frac{10}{9}}$

$$\Rightarrow ☆ = \frac{10}{9}$$

② $\frac{☆}{2} = \frac{10}{9} \times \frac{1}{2} = \boxed{\frac{5}{9}}$

$\frac{5}{9}$ $\frac{5}{9}$ $\frac{5}{9}$

A $-\frac{4}{9}$ C $\frac{2}{3}$

③ A는 $-\frac{4}{9}$보다 $\frac{5}{9}$만큼 작다!

$\left(-\frac{4}{9}\right) - \frac{5}{9} = -\frac{9}{9} = -1$

④ C는 $-\frac{4}{9}$보다 $\frac{5}{9}$만큼 크다!

$\left(-\frac{4}{9}\right) + \frac{5}{9} = \frac{1}{9}$

📋 답 $A = -1$, $C = \frac{1}{9}$

1 다음 수직선 위에서 점 C는 두 점 B, D 로부터 같은 거리에 있는 점이고, 점 B 는 두 점 A, C로부터 같은 거리에 있는 점이다. 점 B가 나타내는 수가 $-\dfrac{1}{3}$, 점 D가 나타내는 수는 $\dfrac{4}{3}$일 때, 두 점 A, C가 나타내는 수를 구하여라.

 풀·이·쓰·기

Hint 수직선을 그리고 문제를 읽으면서 수직 선 위에 점을 찍어요.

2 다음 수직선 위에서 두 점 P, Q는 두 점 A, B 사이의 거리를 삼등분하는 점이 다. 두 점 P, Q가 나타내는 수를 구하여 라.

 풀·이·쓰·기

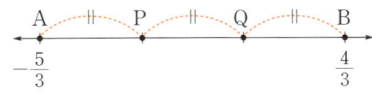

Hint (두 점 사이의 거리)$\times\dfrac{1}{3}$을 하면 한 칸 의 간격을 구할 수 있어요.

032 가위바위보 게임하기

소원이와 일환이는 게임을 하여
이기면 +3점, 비기면 0점,
지면 −2점을 받기로 하였다.
이 게임에서 소원이가 4승 3패
했다고 한다. 소원이의 점수와
일환이의 점수를 각각 구하면?

(!) **Tip**

· 소원이가 4승 3패면, 일환이는 3승 4패

 풀·이·쓰·기

① 소원이는 4승 3패

4번씩 +3점!   3번씩 −2점까

$$\Rightarrow 4 \times (+3) + 3 \times (-2)$$
$$= (+12) + (-6) = +6$$

∴ 소원 최종점수 +6점

② 일환이는 반대로 3승 4패

3번씩 +3점!   4번씩 −2점까

$$\Rightarrow 3 \times (+3) + 4 \times (-2)$$
$$= (+9) + (-8) = +1$$

∴ 일환 최종점수 +1점

답 소원 6점, 일환 1점

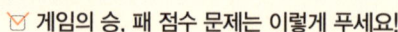 지연 쌤의 **SNS**

✉ **게임의 승, 패 점수 문제는 이렇게 푸세요!**

시합 또는 게임에서 이기면 a점을 얻고, 지면 b점을 잃을 때,
① n번 이겼을 때의 점수는 $n \times (+a)$점
② n번 졌을 때의 점수는 $n \times (-b)$점
③ n번 이기고, m번 졌을 때의 점수는 $n \times (+a) + m \times (-b)$점

1 은진이와 고은이는 게임을 해서 이기면 +5점, 비기면 0점, 지면 −3점을 받기로 하였다. 이 게임에서 은진이가 5승 3패를 했다고 한다. 은진이의 점수와 고은이의 점수를 각각 구하여라.

 풀·이·쓰·기

I

수와 연산

💬 **Hint** 은진이가 5승 3패면, 고은이는 몇승 몇패일까요?

2 애라와 예진이가 가위바위보를 하면서 계단 오르기 게임을 하는데 이기면 3칸 올라가고 지면 1칸 내려가기로 하였다. 처음 위치를 0으로 생각하고 1칸 올라가는 것을 +1, 1칸 내려가는 것을 −1이라고 한다면, 6번 가위바위보를 하여 비기는 경우 없이 예진이가 2번 이겼을 때, 두 사람은 몇 칸 떨어져 있는지 구하여라.

 풀·이·쓰·기

💬 **Hint** 비기는 경우 없이 6판에서 2번 이겼다? 그럼 4번을 졌다는 말이겠죠?

$$12 \times \left\{ \frac{1}{3} + \boxed{(-1)^2} \div 3 \times \left(-\frac{1}{2}\right) - 1 \right\}$$

을 계산하여라.

제일 먼저
해결하자!

 풀·이·쓰·기

$$12 \times \left\{ \frac{1}{3} + \boxed{(-1)^2} \div 3 \times \left(-\frac{1}{2}\right) - 1 \right\}$$

① ② ③ ④ ⑤ ⑥

순서대로 하나씩 풀이 시작!

$$12 \times \left\{ \frac{1}{3} + \boxed{(-1)^2} \div 3 \times \left(-\frac{1}{2}\right) - 1 \right\}$$

$$= 12 \times \left\{ \frac{1}{3} + \boxed{(+1) \div 3} \times \left(-\frac{1}{2}\right) - 1 \right\}$$

$$= 12 \times \left\{ \frac{1}{3} + \boxed{\left(+\frac{1}{3}\right) \times \left(-\frac{1}{2}\right)} - 1 \right\}$$

$$= 12 \times \left\{ \frac{1}{3} + \left(-\frac{1}{6}\right) - 1 \right\}$$

<u>통분 필요</u>

$$= 12 \times \left\{ \frac{2}{6} + \left(-\frac{1}{6}\right) - 1 \right\}$$

$$= 12 \times \left\{ \left(+\frac{1}{6}\right) - 1 \right\}$$

<u>통분 필요</u>

$$= 12 \times \left\{ \left(+\frac{1}{6}\right) - \frac{6}{6} \right\}$$

$$= \overset{2}{\cancel{12}} \times \left(-\frac{5}{\cancel{6}}\right) = \boxed{-10}$$

⚠ Tip

• 혼합계산은 순서가 중요!

① 거듭제곱부터 싹~다 해결

② 소괄호 → 중괄호 → 대괄호 순서

③ 곱셈, 나눗셈

④ 덧셈, 뺄셈 ─ 역수를 이용해서 곱셈으로 바꾼다!

답 −10

1 $-\dfrac{1}{2}+(-3)^2\div\left\{1-\left(-\dfrac{3}{4}\right)\times\dfrac{16}{15}\right\}$ 을 계산하여라.

풀·이·쓰·기

💬 **Hint** 거듭제곱부터 해결하고 소괄호, 중괄호, 대괄호 순서로 풀어요.

2 $-3^2-\left[1+3\div\left\{\dfrac{3}{4}-(-1)^2\right\}\times\dfrac{1}{2}\right]$ 을 계산하여라.

풀·이·쓰·기

💬 **Hint** 거듭제곱부터 먼저 해결하면 편해요!

🔍 **알아두면 좋아요**
문제의 풀이과정을 알려줄게요! 잘 풀지 못하는 친구들은 한번 따라해 보세요.

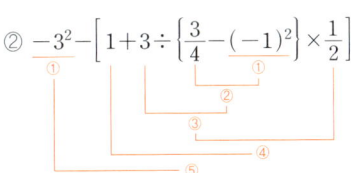

① $-\dfrac{1}{2}+(-3)^2\div\left\{1-\left(-\dfrac{3}{4}\right)\times\dfrac{16}{15}\right\}$

② $-3^2-\left[1+3\div\left\{\dfrac{3}{4}-(-1)^2\right\}\times\dfrac{1}{2}\right]$

사칙연산 이야기

 (+6)+(−2)가 (+4)라고? 왜 덧셈인데 빼나요?

 자! 여러분이 제일 처음 '덧셈'을 배울 때 무엇을 사용했는지 기억하나요?
맞아요! 바로 손가락이죠.

2+3은 손가락을 두 개 펴고, 다음에 세 개를 더 펴서 다섯 개! 이렇게 했지
요. 아주 어린 시절 우리에게 덧셈은 개수가 추가되는 개념밖에 없었어요.

하지만 이제 우리는 음수(−)라는 것을 배웠어요!

손가락을 두 개 펴고, 다음에 (−3)개 편다?

이제부터 (−)가 있으면 손가락을 접는다고 생각하세요.

 (−)×(−)가 왜! (+)인가요?

 여러분 3×2가 왜 6이죠? 사실 이것은 '3을 두 번 더하라'라는 말이에요.
이것을 양수의 곱셈으로 보면 (+3)×(+2)예요. 즉, 아무것도 없는 상
태인 0에서 +3을 두 번 더하면 0+(+3)+(+3)=+6이 되는 것이죠.
그래서 3×2는 3+3과 같은 말이에요.

자! 이제 음수로 생각해 볼까요?

(−3)×(−2)는 어떻게 생각할 수 있을까요? 바로 '(−3)을 두 번 빼라'
라고 생각할 수 있어요!

식으로 쓰면 0−(−3)−(−3)이에요. 왜냐하면 아무것도 없는 상태인
0에서 (−3)을 두 번 빼기 때문이죠.

앞에서 빼기와 빼기가 만나면 더하기로 바꾼다고 배웠죠?

따라서 0−(−3)−(−3) = 0+(+3)+(+3) = (+6)이 나오죠!

Ⅱ. 문자와 식

#항 #상수항 #계수 #차수 #다항식

#일차식 #분배법칙 #동류항 #방정식

#해 #항등식 #등식 #일차방정식의 풀이

#x값 #방정식의 활용

034 곱셈과 나눗셈 기호를 생략해 보자

다음 중 $\times$, $\div$를 생략하여 나타낸 식으로 옳은 것은?

① $a + 2 \times b \times c = 2abc$

② $3 \times a - b \div 2 = \dfrac{3a-b}{2}$

③ $0.1 \times x \times y = 0.xy$

④ $4 \div a + b = \dfrac{4}{a+b}$

⑤ $x \div (y \div z) = \dfrac{xz}{y}$

(문제 위 손글씨: ×, ÷를 생략하여 / 옳은 것은 / 역수의 곱셈으로 생각)

✏ **풀·이·쓰·기**

① $a + 2 \times b \times c = a + 2bc$

생략 No! → $2bc$

② $3 \times a - b \div 2 = 3a - \dfrac{b}{2}$

각각 따로 생각

③ $0.1 \times x \times y = 0.1xy$

0.1은 1이 아니에요~ 생략 No No!

④ $4 \div a + b = \dfrac{4}{a} + b$

⑤ $x \div (y \div z) = x \div \dfrac{y}{z}$

$= x \times \dfrac{z}{y}$

$= \dfrac{xz}{y}$

 ⑤

지연쌤의 SNS

☑ **복잡한 곱셈식에서 곱셈 기호를 생략하자!**

① 곱셈, 나눗셈 기호만 생략 가능! 덧셈, 뺄셈은 생략 불가능!

② 숫자는 제일 앞으로 이동!

③ 이왕이면 알파벳 순서로!

④ 1은 생략!

1 $a \times (-3) \times a \times b \times b \times a \times (-2)$를 곱셈 기호를 생략하여 바르게 나타내어라.

 풀·이·쓰·기

2 다음 |보기|의 식을 곱셈, 나눗셈 기호를 생략하여 나타내어라.

 풀·이·쓰·기

|보기|
$$3x \div 2y - a \div \frac{1}{3} \times b$$

💬 **Hint** 가운데 있는 뺄셈은 생략할 수 없어요!

🔍 **알아두면 좋아요**

나눗셈 기호의 생략

① 나눗셈 기호(÷)를 생략하고 분수의 꼴로 나타내요.

$a \div b = \dfrac{a}{b}$ (단, $b \neq 0$) 예 $(x+y) \div 5 = \dfrac{x+y}{5}$

② 나눗셈은 역수를 이용하여 곱셈으로 바꾼 다음 곱셈 기호를 생략할 수 있어요.

$a \div \dfrac{1}{b} = a \times b = ab$ 예 $a \div \dfrac{2}{3} = a \times \dfrac{3}{2} = \dfrac{3a}{2}$

$x=5$, $y=-\frac{1}{2}$ 일 때,

$$\boxed{\frac{20}{x}}_① \ \boxed{-x^2}_② \ \boxed{-4xy}_③ \text{의 값은?}$$

문제가 3개라고 생각!

 풀·이·쓰·기

$$\boxed{\frac{20}{x}}_① \ \boxed{-x^2}_② \ \boxed{-4xy}_③$$

① $\dfrac{20}{x} = \dfrac{20}{5} = \boxed{4}$

　5를 대입

② $-x^2 = -5^2 = \boxed{-25}$

　　5를 대입

③ $-4xy = -4 \times 5 \times \left(-\frac{1}{2}\right)$

　5대입 $\left(-\frac{1}{2}\right)$대입

$= -20 \times \left(-\frac{1}{2}\right)$

$= \boxed{+10}$

✕이제, ①,②,③ 연결!

$4 - 25 + 10$

$= -21 + 10 = \boxed{-11}$

Tip

• 식에 값을 대입할 때는 숨은 곱셈 기호를 살려내고, 음수와 분수는 괄호( )에 넣어서 대입해요.

답 -11

지연쌤의 SNS

☑ 분수를 분모에 대입하는 방법!

$a=\frac{1}{2}$ 일 때, $\dfrac{3}{a}$의 값은?

➡ $\dfrac{3}{a} = 3 \div a = 3 \div \frac{1}{2} = 3 \times 2 = 6$

나눗셈으로 표현하여 대입하자!

1 $x=3$, $y=-\dfrac{2}{5}$일 때, $x^2-5y+10xy$의 값을 구하여라.

 풀·이·쓰·기

2 $x=-2$일 때, 다음 중 식의 값이 나머지 넷과 <u>다른</u> 하나는?

① $3x+8$ ② $\dfrac{1}{2}x+3$ ③ $1-\dfrac{x}{2}$

④ $-x^2+1$ ⑤ $6-x^2$

 풀·이·쓰·기

◎ Hint -2는 (-2)로 괄호에 넣어서 대입해야 하는 것을 잊지 말아요!

🔍 **알아두면 좋아요**

대입과 식의 값

대입은 대신 입력한다는 뜻이에요.
그리고 대입한 결과, 식이 어떤 값으로 정해진 것을 식의 값이라고 부릅니다.
앞으로 수학을 배우면서 정~말 많은 대입을 하게 될 거예요. 1이나 -12와 같은 수를 대입할 수도 있지만 문자 또는 수학식처럼 다양한 것들을 대입할 수도 있어요.

〈보기〉에서 일차식인 것을
모두 고르면? _가장 높은 차수의 항이_
 일차인 식
―――――― 〈보기〉 ――――――

㉠ $3+6x$ ㉡ x^2-3x

㉢ $\dfrac{x-2}{3}$ ㉣ $\dfrac{5}{x}-3$

㉤ -4 ㉥ a

⚠ Tip

• 일차식 찾기

① 항을 구분해요.

② 각 항의 차수를 적어요.

③ 제일 높은 차수의 항을 찾아요.
 └― 제일 높은 차수가 1차이면? 그 식은 일차식!

🖊 풀·이·쓰·기

㉠ $3+6x$ ⇒ 일차식
 ↑0차 ↑1차

㉡ $\underset{2차}{x^2}-\underset{1차}{3x}$ ⇒ 이차식

㉢ $\dfrac{x-2}{3}=\underset{1차}{\dfrac{x}{3}}-\underset{0차}{\dfrac{2}{3}}$
 ⇒ 일차식

㉣ $\dfrac{5}{x}-3$ ⇒ 몇차식을 이야기 할수 없다!
 ↑1차? No No
 항이 아닙니다!

㉤ -4 ⇒ 0차, 그냥 상수항

㉥ a ⇒ 일차식
 ↑1차

답 ㉠, ㉢, ㉥

지연쌤의 SNS

☑ 문자가 분모에 있으면 항이 아니다!

항이란? 수나 문자의 '곱'으로 이루어진 식이에요.

2, x, x^2, $3x^3$, $-x^4$ 등은 모두 '항'이라고 해요.

하지만 $\dfrac{4}{x}$ 처럼 분모에 문자가 있는 식은 항이 아니에요. 그래서 일차식이나 이차식같이 차수를 이야기할 수 없어요.

1 다음 중 일차식이 <u>아닌</u> 것은?

 풀·이·쓰·기

① $x+2$ ② $5-2x$ ③ $\dfrac{2x+3}{5}$

④ $-x-x^2$ ⑤ $-4-3x$

2 다음 |보기|에서 일차식인 것을 모두 구하여라.

 풀·이·쓰·기

보기

ㄱ. $4-2x$ ㄴ. y^2-5y

ㄷ. $\dfrac{2x+1}{2}$ ㄹ. $\dfrac{6}{2x+1}$

ㅁ. 6

💬 Hint 분모에 문자가 있는 것은 무조건 탈락이에요!

🔍 **알아두면 좋아요**

차수: 항에서 문자가 곱해진 개수
다항식의 차수: 다항식에서 차수가 가장 큰 항의 차수
일차식: 차수가 1인 다항식

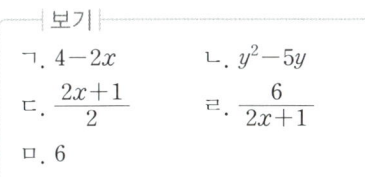

다음을 만족시키는 상수 a, b, c, d에 대하여 a, b, c, d의 값을 각각 구하여라

① $(8x - 6y) \times \left(-\dfrac{3}{2}\right)$
$= ax + by$

② $\left(-\dfrac{1}{6}x + \dfrac{3}{2}y\right) \div \dfrac{5}{6}$
$= cx + dy$

⚠️ **Tip**
....
• 유형 27에서 배운 **분배법칙**을 사용해요.

✏️ **풀·이·쓰·기**

① $(8x - 6y) \times \left(-\dfrac{3}{2}\right)$

㉠ $\overset{4}{8}x \times \left(-\dfrac{3}{2}\right) = -12x$

㉡ $\overset{3}{-6}y \left(-\dfrac{3}{2}\right) = +9y$

$\Rightarrow$ 연결 : $\boxed{-12x + 9y}$
　　　　　　　　　a　　b

② $\left(-\dfrac{1}{6}x + \dfrac{3}{2}y\right) \div \dfrac{5}{6}$

곱셈으로

$= \left(-\dfrac{1}{6}x + \dfrac{3}{2}y\right) \times \dfrac{6}{5}$

㉠ $\left(-\dfrac{1}{6}x\right) \times \dfrac{6}{5} = -\dfrac{1}{5}x$

㉡ $\left(+\dfrac{3}{2}y\right) \times \dfrac{6}{5} = +\dfrac{9}{5}y$

$\Rightarrow$ 연결 : $\boxed{-\dfrac{1}{5}x + \dfrac{9}{5}y}$
　　　　　　　　　c　　　d

답 $a = -12,\ b = +9,\ c = -\dfrac{1}{5},\ d = +\dfrac{9}{5}$

지연쌤의 SNS

☑ '일차식 × 숫자'는 분배법칙을 사용하자!

　$-2(4x-3)$이라는 식이 있어요. $(4x-3)$이라는 일차식에 -2를 분배해 주어야겠죠?

　$-2(4x-3)$ ➡ ① $(-2) \times 4x = -8x$, ② $(-2) \times (-3) = +6$

　이제 두 식을 연결해 주면 답은 $-8x + 6$이 되죠!

1 $\left(\dfrac{2}{5}x - \dfrac{5}{3}\right) \times (-15)$를 $ax+b$의 형태로 나타낼 때, $b-a$의 값은? (단, a, b는 상수)

풀·이·쓰·기

① 30   ② 31   ③ 32

④ 33   ⑤ 34

2 다음 |보기|의 조건을 만족시키는 상수 a, b, c, d의 값을 각각 구하여라.

풀·이·쓰·기

|보기|

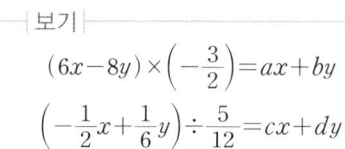
$$(6x - 8y) \times \left(-\dfrac{3}{2}\right) = ax + by$$
$$\left(-\dfrac{1}{2}x + \dfrac{1}{6}y\right) \div \dfrac{5}{12} = cx + dy$$

💬 **Hint** 분배법칙을 잘 활용하세요.

🔍 **알아두면 좋아요**
....
(−)부호의 분배법칙?

$-(A+B)$라는 식이 있어요. 여러분은 이 식에서 생략된 두 가지를 찾을 수 있나요?
맞아요! (-1)과 곱셈 기호($\times$)에요. 원래 식은 $(-1) \times (A+B)$이죠.
그럼 분배법칙을 해 볼까요? (−)부호만 각 항에 곱해 주면 $(-A) + (-B)$이고, 이것을
줄이면 $-A-B$가 됩니다.
어떤가요? 자세히 비교하면 $(A+B)$에서 부호만 바뀌었다는 것을 알 수 있죠?
이제 괄호 앞에 (−)가 있으면, 부호를 바꿔 괄호에서 탈출해요.

아래 그림과 같은 사각형의
넓이를 식으로 간단히 나타내어라.

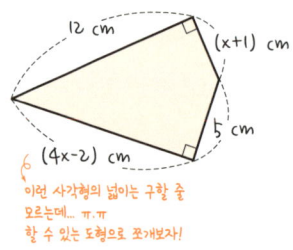

(x+1) cm

12 cm

(4x-2) cm

5 cm

이런 사각형의 넓이는 구할 줄
모르는데... ㅠ.ㅠ
할 수 있는 도형으로 쪼개보자!

⚠ **Tip**

· 덧셈은 동류항끼리만 가능해요!

✏ 풀·이·쓰·기

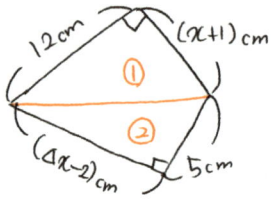

12 cm   (x+1) cm

①

②

(4x-2) cm   5 cm

①

12cm   (x+1) cm

넓이 = $12 \times (x+1) \times \dfrac{1}{2}$

$= 6 \times (x+1) = \boxed{6(x+1)}$ cm²

②

(4x-2) cm   5cm

넓이 = $(4x-2) \times 5 \times \dfrac{1}{2}$

$= \boxed{\dfrac{5}{2}(4x-2)}$ cm²

$① + ② = \underline{6(x+1)} + \underline{\dfrac{5}{2}(4x-2)}$

$= 6x + 6 + 10x - 5$

$= (16x+1)$ cm²

🏷 답 $(16x+1)$cm²

지연쌤의 SNS

☑ **일차식의 덧셈과 뺄셈의 기본 과정**

① 분배법칙을 이용하여 괄호를 탈출하자!
② 동류항끼리 모아서 계산하자!

$2(5a-2) - 3(2a-1) = 10a - 4 - 6a + 3$

① 분배법칙   ② 동류항

1 다음 그림의 사각형 넓이를 식으로 간단히 나타내어라.

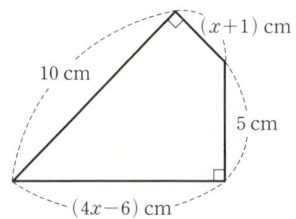

 풀·이·쓰·기

2 $2(x+5)-3(2-x)$를 간단히 나타내었을 때, x의 계수와 상수항의 합을 구하여라.

 풀·이·쓰·기

💬 Hint '분배법칙 → 동류항'을 기억하세요.

📖 **수학 읽기**

동류항이란?

동류항을 한자로 풀면 같은 종류의 항,
수학에서는 **문자의 종류**와 **차수**가 모두 같은 항을 말해요.

조건 ①   조건 ②

➡ $2x$와 $4y$는 같은 일차식이지만, 문자의 종류가 다르므로 동류항 **No!**

➡ $2x^2$과 $2x$는 같은 문자이지만, 차수가 다르므로 동류항 **No!**

➡ $-2x$와 $+3x$는 문자의 종류도 차수도 같은 동류항 **Yes!**

$3x - 4 - \{-5x + 4 - 2(x-1)\}$

을 계산하였을 때, x의 계수와

상수항의 합을 구하여라.

 풀·이·쓰·기

$3x - 4 - \{-5x + 4 - 2(x-1)\}$

$= 3x - 4 - (-5x + 4 - 2x + 2)$

동류항끼리 계산

$= 3x - 4 - (-7x + 8)$

(-1)을 각 항에 곱해주는 것
부호만 변경 된다★

$= 3x - 4 + 7x - 8$

$= 10x - 12$

x의 계수   상수항

따라서, x의 계수와 상수항의

합은 $10 + (-12) = -2$

답 -2

 Tip

· 분배법칙을 하면서 소괄호부터 차근차근 해결해요.

지연쌤의 SNS

☑ 복잡한 식의 계산도 부분을 보면 간단히 해결할 수 있어요!

위의 문제를 살펴볼까요? 제일 안쪽의 괄호부터 계산하면,

① $-2(x-1)$ → 분배법칙

② $-5x + 4 - 2x + 1$ → 동류항끼리 계산

③ $-(-7x+8)$ → 분배법칙

④ $3x - 4 + 7x - 8$ → 동류항끼리 계산

어때요? 제일 안쪽의 괄호부터 차근차근 정리하면 쉽죠?

1 $5x-4-\{-2x+4+3(x-2)\}$을 간단히 하여라.

 풀·이·쓰·기

☺Hint 제일 안쪽의 괄호부터 계산하고 동류항 끼리 계산해요.

2 $(6a-4)-\left\{\dfrac{1}{2}(8a-6)-3\right\}\div(-2)$을 간단히 하여라.

 풀·이·쓰·기

🔍 **알아두면 좋아요**

위 문제의 풀이 순서를 알려줄게요! 잘 풀지 못하는 친구들은 한번 따라해 보세요.

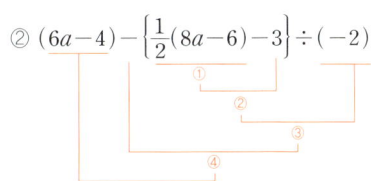

① $5x-4-\{-2x+4+3(x-2)\}$ ② $(6a-4)-\left\{\dfrac{1}{2}(8a-6)-3\right\}\div(-2)$

다음식을 계산하여라.

$$\frac{2x-3}{2} - \frac{10-x}{5}$$

 풀·이·쓰·기

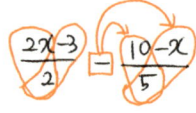

$$= \frac{2x}{2} - \frac{3}{2} - \frac{\overset{2}{10}}{5} + \frac{x}{5}$$

↑
⊖ × ⊖ 라서
⊕ 가 되었음!

$$= x - \frac{3}{2} - 2 + \frac{x}{5}$$

동류항끼리 계산

$$= x + \frac{x}{5} - \frac{3}{2} - 2$$

통분   통분

$$= \frac{5x}{5} + \frac{1x}{5} - \frac{3}{2} - \frac{4}{2}$$

$$= \frac{6}{5}x - \frac{7}{2}$$

답 $\dfrac{6}{5}x - \dfrac{7}{2}$

(!) **Tip**

• ♥공식
$$\frac{2x-3}{2} = \frac{2x}{2} - \frac{3}{2} = \frac{1}{2}(2x-3)$$
항상 ♥를 떠올리자!

---

1 $\dfrac{2x-3}{2} - \dfrac{1-x}{3}$ 을 간단히 하여라.

 풀·이·쓰·기

2 $\dfrac{2(-2x+3)}{5} + \dfrac{3(2x-1)}{4}$ 을 간단히 하여라.

 풀·이·쓰·기

💬 **Hint** 제일 먼저 분배법칙을 해요.

🔍 **알아두면 좋아요**

문제의 다른 풀이과정을 알려줄게요! 이런 방법도 있으니 따라해 보세요.

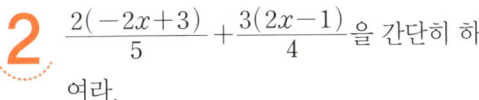

$$\dfrac{2x-3}{2} - \dfrac{10-x}{5} = \dfrac{(2x-3)}{2} + \dfrac{-(10-x)}{5} = \dfrac{5(2x-3)-2(10-x)}{10}$$

각각 곱해 준다.   분모를 10으로 한다.

분모를 10으로 하면 하나의 분수식으로 만들 수 있어서 좀 더 쉽게 계산할 수 있어요!

041 더해야 할 식을 빼었더니~

어떤 다항식에 $3x-5$를 ▨ 더해야 할 것을 잘못하여 뺐더니 $-x+4$가 되었다. _{래!!}
바르게 계산한 식을 구하여라.

✏️ 풀·이·쓰·기

① 어떤 다항식을 구해보자.

▨ 라고 하면

$$▨ - (3x-5) = -x+4$$

식자체를 뺐으므로
(괄호) 넣는게 좋다!

$$▨ -3x+5 = -x+4$$

$+2x-1$ →

㉠ $-3x$가 $-x$가 되려면?
$+2x$가 필요하다!

㉡ $+5$가 $+4$가 되려면?
-1이 필요하다!

따라서, ▨ $= +2x-1$

② 바르게 계산해보자.

$$(+2x-1) + (3x-5)$$
$$= +2x -1 +3x -5 = 5x-6$$

동류항끼리

답 $5x-6$

지연쌤의 SNS

☑️ 더했더니? 빼었더니? 문제를 정확히 파악해야 해요!

문제에서 'A를 더해야 할 것을 잘못하여 빼었더니'라고 하면 결과적으로 뺀 것이에요.
그럼 □ $- A = B$가 되겠죠?
반대로 'B를 빼야 할 것을 잘못하여 더했더니'라고 하면 더한 것으로 생각해야 해요!
그럼 □ $+ B = A$가 맞는 식이겠죠?

난이도 ★★★☆☆

1 어떤 다항식에서 $2x-1$을 뺐더니 $3x+4$가 되었다. 이때 어떤 다항식은?

 풀·이·쓰·기

① $x+3$ ② $x+5$ ③ $5x+3$

④ $5x+5$ ⑤ $-x+3$

2 어떤 다항식에 $2x+3$을 더해야 할 것을 잘못하여 뺐더니 $x-5$가 되었다. 바르게 계산한 식을 구하여라.

 풀·이·쓰·기

Hint 어떤 다항식만 구하면 안 되고 다시 더해 줘야 바르게 계산한 식을 구할 수 있어요.

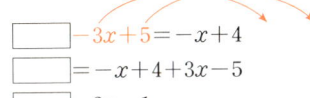 수학 읽기

'이항' 개념을 살~짝 엿볼까요?

이항은 항이 이동한다는 것을 말해요. 항을 이동할 때는 부호를 바꿔야 한답니다.
$\boxed{}-3x+5=-x+4$라는 식에서 $-3x$가 어떻게 하면 $-x$가 되었을까 생각하면 $+2x$인 것을 알 수 있죠! 이것이 아직 이항을 배우지 않은 학생들에게는 올바른 풀이 방법이지만, 앞으로 이항이라는 것을 알면 더 쉽게 찾아낼 수 있어요!

$\boxed{}-3x+5=-x+4$ 등호(=)를 기준으로 부호를 바꿔서 옮긴다!

$\boxed{}=-x+4+3x-5$ (왜 바뀌는지는 일차방정식에서 배워요!)

$\boxed{}=2x-1$

II

문자와 식

II. 문자와 식 ● 103

다음 중 x값에 관계없이 등식이 항상 성립하는 것을 골라라.

㉠ $x+3x+2 = 4x+2$

㉡ $-x+7 = 7-x$

㉢ $3-a = a-3$

㉣ $3x-(x+1) = 2x+1$

⇒ 항등식을 찾는 문제로구나!

✏️ 풀·이·쓰·기

㉠ $x+3x+2 = 4x+2$

  동류항

  $4x+2 = 4x+2$

  (좌변)=(우변)

  ⇒ 항등식!

㉡ $-x+7 = 7-x$ ← 교환

  $-x+7 = -x+7$

  좌 = 우 ⇒ 항등식!

㉢ $3-a = a-3$ ← 교환해볼까?

  $3-a = -3+a$

  좌 $\neq$ 우

㉣ $3x-(x+1) = 2x+1$

  $3x-x-1 = 2x+1$

  $2x-1 = 2x+1$

  좌 $\neq$ 우

답 ㉠, ㉡

⚠️ Tip

• x값과 관계없이 항등식은 항상 등식이 성립하는 식을 말해요!
  항등식을 찾을 때는 '좌변=우변'이 되는지 꼭 확인해요.

지연쌤의 SNS

☑ 항등식을 찾을 때 실수할 수도 있는 것들!

항등식은 좌변과 우변이 같은 식을 말하죠?
그럼 $x-1 = 1-x$도 항등식일까요? 잘못 보면 좌우가 비슷해 보일 수도 있지만,
이 식은 항등식이 아니에요! 한번 우변을 조금 바꿔 볼까요?
$1-x$는 $1+(-x)$와 같아서 교환법칙을 쓰면 $-x+1$이에요.
그럼 $x-1 = -x+1$이라는 것이네요?
어떤가요? (좌변)=(우변)이 아니므로 항등식이 아니에요!

1 다음 중 항등식인 것은?

① $x+1=0$

② $a-4=4-a$

③ $3(x-2)=3x-6$

④ $2x>2x$

⑤ $2x+3+x=3x+2$

 풀·이·쓰·기

2 다음 |보기|의 등식이 항등식일 때, □ 안에 들어갈 식을 구하여라.

┌─| 보기 |──────────────┐
│ $3(x-2)+2x=x-3+\square$ │
└────────────────────────┘

 풀·이·쓰·기

💬 Hint 항등식은 좌변과 우변이 같은 식이에요.

🔍 **알아두면 좋아요**

방정식 VS 항등식

┌──── $x+3=5$ ────┐
│   방정식   │
│ $x=1$이면? No!   │
│ $x=2$이면? Yes! 하나만 Yes! │
│ $x=100$이면? No!   │
└──────────────────┘

VS

┌──── $x+3=3+x$ ────┐
│   항등식   │
│ $x=1$이면? Yes!   │
│ $x=2$이면? Yes! 계속 Yes! │
│ $x=100$이면? Yes!   │
└───────────────────┘

$a=3b$일 때, 다음 중 옳지 않은 것은? → 양변에 공평하게 해주었는지안 체크!

① $a-4 = 3b-4$

② $\dfrac{a}{3} = b$

③ $2a=6b$

④ $3a+1 = 9b+1$

⑤ $3a-1 = 9b-3$

⚠ Tip

• 양변에 같은 수를 곱하거나 더하거나 빼거나 나누어 보세요.

✏ 풀·이·쓰·기

① $a=3b$ 에서
$\downarrow -4 \quad \downarrow -4$ 공평해!
$a-4 = 3b-4$

② $a=3b$ 에서
$\downarrow \div 3 \quad \downarrow \div 3$ 공평해!
$\dfrac{a}{3} = b$

③ $a=3b$ 에서
$\downarrow \times 2 \quad \downarrow \times 2$ 공평해!
$2a=6b$

④ $a=3b$에서
$\downarrow$ ×3했고 $\qquad$ ×3했고
$+1$ 했음 $\qquad$ $+1$ 했음 공평해!
$3a+1 = 9b+1$

⑤ $a=3b$에서
$\downarrow$ ×3했고 $\qquad$ ×3했고
-1 했음 $\qquad$ -3했음
$3a-1 = 9b-3$

⇒ NoNo! 공평하지않아

답 ⑤

지연쌤의 SNS

☑ 등식의 성질

양변에 같은 수를 **공평하게** 더하거나($+$), 빼거나($-$), 곱하거나($\times$), 나누어도($\div$) 전혀 상관이 없어요!

① $a=b$이면, $a+c=b+c$

② $a=b$이면, $a-c=b-c$

③ $a=b$이면, $ac=bc$

④ $a=b$이면, $\dfrac{a}{c}=\dfrac{b}{c}$(단, $c \neq 0$)

1 $a=2b$일 때, 다음 중 옳지 <u>않은</u> 것은?

 풀·이·쓰·기

① $a+1=2b+1$

② $3a=6b$

③ $\dfrac{a}{2}=b$

④ $2a+2=4b+4$

⑤ $-a=-2b$

2 다음 중 옳은 것을 모두 고르면?

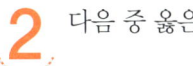 풀·이·쓰·기

① $a=b$이면 $a+3=b+3$이다.

② $a+2=b+3$이면 $a=b$이다.

③ $a=b$이면 $-2a-1=-2b-1$이다.

④ $2a=3b$이면 $\dfrac{a}{2}=\dfrac{b}{3}$이다.

⑤ $-\dfrac{a}{4}=-\dfrac{b}{2}$이면 $2a=b$이다.

☺ **Hint** 등식의 성질을 이용해요.

🔍 **알아두면 좋아요**

방해되면 양변에서 공평하게 지워 버려요!

등식의 성질을 이용하면 풀기 복잡했던 문제들을 조금 더 쉽게 풀 수 있어요.
$12x+10=250$이라는 식이 있어요. x의 값을 구하기 위해 먼저 $+10$을 지워야 하는데
양변에 10을 똑같이 빼면 $+10$이 없어지겠죠? 그럼 $12x=240$이 돼요.
이제 x에 12가 곱해져 있는 상태니까 12로 나누어 주면 x만 남게 되겠죠?
$\dfrac{12x}{12}=\dfrac{240}{12}$을 다시 정리하면 $x=20$이 되죠!

등식 $2x(x+1) = ax^2 + bx + 2$ 가

일차방정식이 되기 위한

상수 a, b의 조건을 구하여라.

Tip

• 일차방정식이 되려면?

$\heartsuit + \triangle = \star + \diamond$

<u>좌변으로 이사 가자!</u>

모두 좌변으로 이항해서 좌변을 정리하자!
결과가 (일차식)=0의 모양이면 일차방정식!

✏️ 풀·이·쓰·기

$2x(x+1) = ax^2 + bx + 2$

$2x^2 + 2x = ax^2 + bx + 2$

좌변으로 이항

$2x^2 + 2x - ax^2 - bx - 2 = 0$

동류항   동류항

일차식 $=0$ 꼴이 되려면

① x^2항은 없어져야! ← 이차항

⇒ $2x^2 - ax^2$이 사라지려면?

2가 되면 된다!

∴ $\boxed{a = 2}$

② x항은 살아있어야! ← 일차항

⇒ $+2x - bx$ 는 사라지면 No!

↑ 2면 안돼ㅠ.ㅠ

∴ $\boxed{b \neq 2}$

답 $a=2$, $b \neq 2$

1 다음 중 x에 대한 일차방정식인 것을 모두 고르면?

① $x^2 + 1 = x$

② $4x - 3 = 5x + 4$

③ $x(x+1) = x^2 - 4$

④ $\dfrac{1}{2}x + 1 = \dfrac{1}{2}(x+2)$

⑤ $5x + 2$

Hint 등호가 없으면 방정식에서 탈락!

2 등식 $3x^2 - (x+1) = ax^2 + bx$가 일차방정식이 되기 위한 상수 a, b의 조건을 구하여라.

Hint 좌변으로 모두 정리했을 때 이차식이 있어도 탈락!

📖 **수학 읽기**

수학에서 문자는 언제부터 사용했을까?

지금 우리가 배우는 수학은 a, b, x^2과 같은 문자들을 사용하고 있죠?
그렇다면 이 문자를 사용한 수학은 언제부터였을까요? 수학에서 문자가 등장했던 시기는 기원전으로 거슬러 올라가요. 기원전 약 200년도에 처음으로 디오판토스가 숫자 대신 문자를 사용했다는 이야기가 있어요. 하지만 지금 우리가 수학에서 사용하는 문자와는 조금 달랐죠. 지금 우리가 수학에서 사용하는 문자는 1600년도에 데카르트가 완성하고 제곱과 같은 지수의 사용을 발명했어요.

일차방정식 $\underline{5x+6=-2x-8}$ 과

$\underline{2x+5=4(x-1)+1}$ 의 해의

합을 구하여라.

⚠ Tip

• 일차방정식의 풀이 순서

> 괄호 풀기(분배법칙을 이용!)
>
> ↓
>
> 이항해서 끼리끼리 모으기
> (x들 모여!)=(상수들 모여!)
>
> ↓
>
> 각 변 정리하기
>
> ↓
>
> x 앞의 계수로 나누기
>
> ↓
>
> x=(수)

✏ 풀·이·쓰·기

① $5x+6=-2x-8$

끼리끼리 모으기

$5x+2x=-8-6$ 각변 계산하기
$7x=-14$

$\dfrac{7x}{7}=\dfrac{-14}{7}^2$ 양변을 7로 나누기

∴ $x=-2$

② $2x+5=4(x-1)+1$ 괄호 탈출

$2x+5=4x-4+1$

$2x-4x=-4+1-5$ 끼리끼리 이항
각변 정리

$-2x=-8$

$\dfrac{-2x}{-2}=\dfrac{-8}{-2}^4$ 양변 -2로 나누기

∴ $x=+4$

두 해를 합하면 $(-2)+(+4)=+2$

답 +2

1 방정식 $3-5x=-2x+12$의 해를 $x=a$ 라 하고 $3x+1=x-9$의 해를 $x=b$라 고 할 때, $a+b$의 값을 구하여라.

 풀·이·쓰·기

💬 **Hint** 좌변에 x항, 우변에 상수항을 모아요.

2 방정식 $6x-(5x-2)=3(x-2)$의 해 를 구하여라.

 풀·이·쓰·기

💬 **Hint** 괄호를 먼저 풀고, 끼리끼리 모아요!

🔍 **알아두면 좋아요**

일차방정식의 달인!

일차방정식 문제를 풀면서 이렇게 딱!
다섯 번만 확실하게 적어보세요.
방정식 풀기의 달인이 될 수 있답니다.

예
$$3(x+2)=x-4 \quad \text{괄호 풀기(분배법칙)}$$
$$3x+6=x-4 \quad \text{끼리끼리 모으기(이항)}$$
$$3x-x=-4-6 \quad \text{정리하기}$$
$$2x=-10$$
$$x=-5 \quad x\text{의 계수로 나누기}$$

일차방정식

$$0.03(x-2) - 0.1 = 0.05x - 0.2$$

의 해를 구하여라.

 풀·이·쓰·기

$$0.03(x-2) - 0.1 = 0.05x - 0.2$$

모두 간단한 정수로 바꾸자!

공평하게 100을 곱해서!

⬇

각 항에 모두 [×100] 하면

$$3(x-2) - 10 = 5x - 20$$

이제 풀기 수월해졌어 쌤

$$3x - 6 - 10 = 5x - 20$$
$$3x - 16 = 5x - 20$$

$$3x - 5x = -20 + 16$$
$$-2x = -4$$
$$\frac{}{-2} \quad \frac{}{-2}$$

$$\boxed{x = +2}$$

⚠ **Tip**

• 소수를 정수로 바꾸기 위해 양변에 공평하게 $\times 10$, $\times 100$, $\times 1000$...을 해 주자!

답 $+2$

지연쌤의 SNS

☑ 계수가 소수인 일차방정식을 풀 때 실수하기 쉬운 것들!

$0.5x + 3 = 1.5(x-2)$에서 양변에 10을 곱하면 정수로 바뀌겠죠?

$$10 \times 0.5x + 10 \times 3 = 10 \times 1.5\{10 \times (x-2)\}$$

이 식에서 잘못된 곳을 찾았나요?

우변의 괄호 안에도 10을 곱해 준 것이 문제예요! 어차피 1.5가 분배법칙으로 분배될 것이기 때문에 괄호 앞에 있는 1.5에만 10을 곱해주는 것이 맞는 풀이가 되겠죠? 양변에 같은 수를 곱할 때 다항식과 괄호를 주의하세요!

1 다음 일차방정식의 해를 구하여라.

(1) $1.5x - 2 = 1.2x - 0.5$

 **풀·이·쓰·기**

(2) $0.2(x-3) = -0.5(x+1)$

(3) $0.04(x-5) = -2.6 + 0.16x$

😊 Hint

(1) 양변에 몇을 곱해야 정수로 바뀔까요?

(3) 양변에 10을 곱해도 소수가 남아 있네? 몇을 곱해 줘야 할까요?

🔍 알아두면 좋아요

양변에 공평하게 해 주는 것이 중요!

0.03에는 ×100, 0.1에는 ×10이 필요하다고 해서 항마다 다른 수를 곱하면 안 돼요!

또한, 괄호 안을 건드리지 않도록 주의하세요!

$0.1x = 0.02x + 0.8$ ➡ 좌변에는 10을 곱하고, 우변에는 100을 곱하자! (No!)

        ➡ 좌변과 우변에 똑같이 100을 곱하자! (Yes!)

$10x = 2x + 80$ ➡ $8x = 80$ ➡ $x = 10$ (해결!)

일차방정식

$$\frac{x-1}{5} = 1 + \frac{x}{2}$$ 의

해를 구하여라.

풀·이·쓰·기

$$\frac{x-1}{5} = 1 + \frac{x}{2}$$

분모를 없애려면?!

Aha! 양변에 ×10을 하자!
각항

$$10 \times \frac{x-1}{5} = 1^{\times 10} + \frac{x}{2} \times 10$$

$$2(x-1) = 10 + 5x$$

$$2x - 2 = 10 + 5x$$

$$2x - 5x = 10 + 2$$

$$-3x = 12$$
$$\frac{-3x}{-3} = \frac{12}{-3}$$

$$\boxed{x = -4}$$

답 -4

⚠ Tip

• 분모 때문에 짜증이 날 때는?
  분모를 모~두 없애줄 수 있는 숫자가 필요
  해요!
  분모들의 최소공배수를 곱해 주면 분모를
  없앨 수 있죠!

지연쌤의 SNS

☑ 계수가 분수인 일차방정식을 풀 때 실수하기 쉬운 것들!

$\frac{x-5}{2} = -\frac{5}{3}$에서 양변에 최소공배수인 6을 곱하면 정수로 바뀌겠죠?

$6 \times \frac{x-5}{2} = 6 \times \left(-\frac{5}{3}\right)$이고, $3x - 5 = -10$이 나와요. 이 과정에서 잘못된 곳을 찾으셨나요?

좌변에서 $6 \times \frac{x-5}{2} = 3(x-5)$이므로 $3x - 15$가 맞는 식이에요.

1 다음 일차방정식의 해를 구하여라.

(1) $\dfrac{x}{6} + \dfrac{1}{3} = \dfrac{x}{4}$

(2) $\dfrac{x}{6} - \dfrac{x-2}{4} = 1$

💬 **Hint** 분모의 최소공배수를 먼저 찾아요.

2 일차방정식

$0.5(x-2) + \dfrac{5-2x}{6} = \dfrac{1-x}{3}$ 의 해로

옳은 것은?

① $x = -3$ ② $x = -2$ ③ $x = -1$

④ $x = 1$ ⑤ $x = 2$

🔍 **알아두면 좋아요**

일차방정식의 계수 정리하기

일차방정식의 계수가

① 소수일 때는 양변에 10, 100, 1000 등의 십의 제곱수를 곱해서 계수를 정수로 만들어 정리해요.

② 분수일 때는 양변에 분모의 최소공배수를 곱해서 계수를 정수로 만들어 정리해요.

③ 분수와 소수가 섞여 있을 때는 소수를 분수로 만들고 약분한 뒤 분모의 최소공배수를 곱해서 계수를 정수로 만들어 정리해요.

II 문자와 식

아래 주어진 비례식에서
x의 값을 구하여라.

$$\frac{2x-5}{5} : 6 = \frac{x-1}{3} : 10$$

 풀·이·쓰·기

$$\frac{2x-5}{5} : 6 = \frac{x-1}{3} : 10$$

내항의 곱

외항의 곱

$$\overset{2}{10} \times \frac{(2x-5)}{5} = \overset{2}{6} \times \frac{(x-1)}{3}$$

외항의 곱   내항의 곱

$$2(2x-5) = 2(x-1)$$

$$4x - 10 = 2x - 2$$

$$4x - 2x = -2 + 10$$

$$2x = 8$$

$$\boxed{x = 4}$$

⚠ Tip

· 비례식은 항상 양변에 쌍점(:)이 있으니 꼭
  확인하자!

답 $x = 4$

지연쌤의 SNS

☑ 비례식은 어떻게 풀어야 하나요?

☆ : ♡ = △ : ◇

$2 : 3 = 4 : 6$ 외항: 2, 6
              내항: 3, 4

외항의 곱=내항의 곱 → 외항의 곱: $2 \times 6 = 12$ 비례식에서 외항과 내항의
☆ × ◇ = ♡ × △   내항의 곱: $3 \times 4 = 12$ 곱은 항상 같아야 해요!

1 비례식 $(x-2):(3x+2)=3:5$를 만족하는 x의 값을 구하여라.

 풀·이·쓰·기

💬 **Hint** 비례식은 (외항의 곱)=(내항의 곱)이에요!

2 비례식 $(x-3):9=\dfrac{6-2x}{3}:4$를 만족하는 x의 값을 구하여라.

 풀·이·쓰·기

🔍 **알아두면 좋아요**

여러 가지 형태로 등장하는 방정식!

① $2x+1=3x$ 　② $0.2x+0.1=0.3x$ 　③ $x+\dfrac{1}{2}=\dfrac{3}{2}x$

모~두 다르게 생겼죠? 하지만 식 ②에 10을 곱하면? 식 ①이 되죠?
또 식 ③에 2를 곱하면? 식 ①이 된답니다.
모양은 다르지만 사실 모두 같은 방정식이에요.
항상 양변에 공평하게 해 주는 것을 잊지 말아요!

$3(x-a)+11 = 2a+x$ 의

해가 $x=2$ 일 때, 상수 a의 값은?

↳ 해가 나왔다!

x에 대입하자!

① 3

② 2

③ 1

④ -1

⑤ -2

✏️ 풀·이·쓰·기

$3(x-a)+11 = 2a+x$

일단 괄호를 탈출하자!

$3x-3a+11 = 2a+x$

↑ 2 대입   ↑ 2 대입

해가 2이므로 $x=2$를 대입하면

$6-3a+11 = 2a+2$

$\boxed{-3a+17 = 2a+2}$

↳ a를 구하는 새로운 방정식 탄생!

$-3a+17 = 2a+2$

$-3a-2a = 2-17$

$\dfrac{-5a}{-5} = \dfrac{-15}{-5}$

$\boxed{a = +3}$

답 3

⚠ **Tip**

• 문제에서 해를 줬다고요? 그럼 무조건 대입하세요!

지연쌤의 SNS

☑ 문자가 두 개인 문제는 어떻게 푸나요?

문자가 두 개인 문제를 푸는 방법은 여러 가지가 있어요.

첫째로 문자 둘 중 하나의 값을 문제에서 알려준다.

두 번째는 문자 둘 중 하나를 없앨 수 있도록 또 다른 식을 준다.

하지만 두 번째 방법은 아직은 어려우니 좀 더 나중에 배우기로 하고, 우리는 첫 번째 방법에 대해 배워보도록 해요.

1 x에 대한 일차방정식 $-2(x-a)-(3a+x)=5$의 해가 $x=3$일 때, 상수 a의 값으로 옳은 것은?

 풀·이·쓰·기

① -14 ② -12 ③ -10

④ -8 ⑤ -6

2 x에 대한 일차방정식 $\dfrac{x}{4}+\dfrac{a}{2}=\dfrac{2x-1}{2}$의 해가 $x=4$일 때, 상수 a의 값을 구하여라.

 풀·이·쓰·기

😊 Hint x에 4를 대입하고 양변에 2를 곱하면 분모도 간단히 정리할 수 있어요.

🔍 알아두면 좋아요

방정식과 해

우리는 지금 일차방정식만 공부하고 있죠? 하지만! 앞으로는 이차방정식, 삼차방정식,
계~속 방정식이 등장할 거예요. 쌤이 겁주려는 것이 아니라, 그때마다 문제에서 방정식의 해,
즉 x값이 주어지면 무조건 '대입해야지!'라고 생각하면 편해요.
해가 주어졌다? 그럼 대입! 앞으로 고3 때까지 쭈~욱 기억하세요.

다음 주어진 x에 대한 두 일차방정식

$5x+2=3x-6$ 과

① x를 구한다

$x-3=2x+a$ 의 해가 같을 때,

상수 a의 값은?

② ①에서 구한 x값을 대입!

✏️ 풀·이·쓰·기

① 먼저, $5x+2=3x-6$ 의 해를 구해보자!

$$5x+2=3x-6$$

$$5x-3x=-6-2$$

$$2x=-8$$

$$\boxed{x=-4}$$

② $x-3=2x+a$ 의 해도 -4 이므로

$x=-4$ 대입

$$x-3=2x+a$$

-4 -4

$$-4-3=2\times(-4)+a$$

$$-7=-8+a$$

$$+1=+a$$

$$\Rightarrow \boxed{a=1}$$

⚠️ **Tip**

• 해는 언제나 x에 대입할 수 있어요!
  두 방정식의 해가 같다면, 해를 구할 수 있는 방정식을 선택해서 x값(해)을 구하고 다른 방정식에 대입!

답 1

1 두 일차방정식 $5x+3=x-13$, $x-3a$ $=2x-2$의 해가 같을 때, 상수 a의 값으로 옳은 것은?

 풀·이·쓰·기

① -2 ② -1 ③ 0

④ 1 ⑤ 2

⊙Hint 방정식의 해가 같다?
그럼 $5x+3=x-13$의 해를 먼저 구해요.

2 다음 |보기|에서 x에 대한 두 일차방정식의 해가 같을 때, 상수 a의 값을 구하여라.

 풀·이·쓰·기

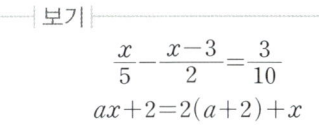
|보기|
$$\frac{x}{5}-\frac{x-3}{2}=\frac{3}{10}$$
$$ax+2=2(a+2)+x$$

📖 수학 읽기

방정식의 해 이야기

수학에서 미지수의 값을 왜 '해'라고 부를까요? 쌤은 기분 좋게 "왜! 이 방정식의 해님(☀)을 만났어"라는 느낌으로 생각하기도 하지만 사실은 그런 뜻이 아니에요.

우리가 어떤 문제를 풀었을 때, "해결 했어!"라고 말하죠? 또, 문제집 뒤에 있는 '해답'을 보기도 하고요. 이 문제의 '해법'은 뭘까? 라는 생각도 해요.

여기 공통으로 들어 있는 단어가 바로 '해'이고, 한자로 '풀다 해(解)'라고 써요.

즉, $x+3=5$의 해가 2라는 것은 이 방정식을 풀이하는 해결의 열쇠가 2라는 말과 같아요!

x에 대한 일차방정식

$4x+1 = 2(x+a)-1$의 해가 ③

일차방정식 $2x+4 = -3x+14$의 ①

해의 3배일 때, 상수 a의 값을 ②

구하여라.   → x 구하고 3배!

✏️ 풀·미·쓰·기

주어진 방정식 중 해를 구할수있는

방정식은 $2x+4 = -3x+14$

① $2x+4 = -3x+14$

$2x+3x = 14-4$

$5x = 10$

$x=2$

② 해를 3배 한다?

→ x값을 3배한다!

→ 6

③ $4x+1 = 2(x+a)-1$ 의

해가 6이라는것! $x=6$ 대입

$24+1 = 2(6+a)-1$

$25 = 12+2a-1$

$25 = 11+2a$

$14 = 2a$

$a=7$

답 7

지연쌤의 SNS

✉️ 해의 조건을 알아보아요!

해의 조건은 보통 이렇게 주어져요.

① 해의 2배, 해의 3배…

② 해보다 3만큼 작다. 해보다 4만큼 크다.…

이런 조건들은 먼저 주어진 방정식의 해를 구하고, 각 조건에 맞게 바꿔 준 다음에 대입하면 해결할 수 있어요.

1 x에 대한 일차방정식 $3(x+a)=2x-1$의 해가 일차방정식 $x+3=-2x+6$의 해의 3배일 때, 상수 a의 값을 구하여라.

 풀·이·쓰·기

2 x에 대한 일차방정식 $-(ax+4)=-4(x-5)$의 해가 일차방정식 $4(x+1)-x+5=2(x+6)+2$의 해보다 4만큼 작을 때, 상수 a의 값을 구하여라.

 풀·이·쓰·기

Hint 두 번째 식의 해를 구하고 4를 빼 주면 첫 번째 식에 대입할 수 있어요.

📖 **수학 읽기**

방정식에서는 왜 x를 사용할까?

자, 여기 주어진 두 식은 서로 같은 식이에요.

$$□+4=7 \qquad \& \qquad x+4=7$$

만약 우리가 계속 네모 또는 별표와 같은 기호를 사용했다면 어땠을까요? 식이 복잡해질수록 불편해지겠죠? 같은 이유로 옛~날에도 빈 칸 대신에 표현할 것을 찾다가 x를 사용하게 되었어요. (영어 단어에서 x가 들어가는 단어가 가장 적어서 사용했다는 말도 있어요.)

052 여러 명에게 사탕을 나누어 주자

유치원 봉사를 간 지민이가
아이들에게 사탕을 나누어 주는데
사탕을 5개씩 나눠주면 3개가 남고, ①
6개씩 나눠주면 9개가 모자란다.
이 때, 아이들은 몇명이었을까? ②

↳ x명 이라고 하자!

✏️ **풀·이·쓰·기**

① x명의 아이들에게
사탕 5개씩 ┌ +3개
↓
$5x$ → 3개남음

→ 사탕 개수 : $5x+3$

② x명에게
6개씩 ┌ -9개
↓
$6x$ → 9개 모자름

→ 사탕 개수 : $6x-9$

식 $5x+3 = 6x-9$

$5x-6x=-9-3$

$-x=-12$

$\underline{x=12}$

따라서, 아이들은 12명이었다.

답 12명

⚠️ **Tip**

- 사탕의 개수는 어차피 같으므로 ①=②로 놓고 풀이해요.
- 만약 사탕의 개수를 묻는다면, $5x+3$ 또는 $6x-9$에 $x=12$를 대입해요.

☑️ 일차방정식의 활용 문제는 다음 순서로 풀어 봐요.

① 문제의 뜻을 파악하고, 구하려고 하는 것을 미지수 x로 놓는다.
② x를 사용하여 문제의 뜻에 맞게 방정식을 세운다.
③ 방정식을 풀어 값을 구한다.
④ 구한 해가 문제의 뜻에 맞는지 확인한다.

↳ 마지막 과정이 제일 중요해요.
다 풀어 놓고 틀리지 말아요!

124 ● 중학수학 유형 레시피 중①

1 학생들에게 공책을 나누어 주는데 한 학생에게 5권씩 나누어 주었더니 12권이 모자라고, 3권씩 나누어 주었더니 8권이 남았다. 이때, 공책의 권수를 구하여라.

 **풀·이·쓰·기**

💬 **Hint** 학생 수를 x로 놓고 나중에 x를 이용해서 공책의 권수를 구해요.

2 한 행사에서 기념품을 나누어 주는데 한 명에게 4개씩 나누어 주면 5개가 남고, 6개씩 나누어 주면 5개가 부족했다. 물음에 답하여라.

풀·이·쓰·기

(1) 나누어 주어야 하는 사람은 몇 명일까?

(2) 기념품을 5개씩 나누어 준다면 몇 개가 남거나 부족할까?

💬 **Hint** 기념품의 개수를 먼저 구하고, 5로 나누어요.

🔍 **알아두면 좋아요**

지연쌤의 SNS를 이용해서 문제를 풀어 보자!

어떤 수와 15의 합은 그 수의 3배보다 7만큼 클 때, 어떤 수를 구하여라.

① 미지수 x 정하기: 어떤 수를 x라고 하자.

② 방정식 세우기: $x+15=3x+7$

③ 방정식 풀기: $x-3x=7-15$, $-2x=-8$, $x=4$

④ x가 맞는지 확인하기: $4+15=19$, $3\times4+7=19$이므로 잘 구했어요!

053 일차방정식의 활용 (나이를 맞춰 보자)

 올해 소원이와 아빠의 나이의 합은 61세이다. 10년후 아빠의 나이가 소원이의 나이의 3배보다 11세가 적어진다고 할때, 올해 소원이의 나이는?

조건①

조건②

→ x살 이라고하자!

 풀·이·쓰·기

올해 소원이의 나이 → x세

올해 아빠의 나이 → $(61-x)$세

⇒ 왜? 합쳐서 61세이니까!

	소원	아빠
+10 올해	x	$61-x$
10년후	$x+10$	$71-x$

10년 후 조건②

아빠나이 = 소원나이 × 3 − 11

$(71-x) = (x+10) \times 3 - 11$

$71-x = 3x+30-11$

$71-x = 3x+19$

$-x-3x = +19-71$

$\dfrac{-4x}{-4} = \dfrac{-52}{-4}$

$\boxed{x = 13}$

따라서, 올해 소원이의 나이는 13세이다

답 13세

⚠ Tip

• 일차방정식 문제인데 x가 없어요! 그렇다면 문제에서 최종적으로 물어보는 것을 x로 두면 되겠다! (하지만 반드시 그런 것은 아니니까 조심해요!)

1 현재 어머니와 딸의 나이의 합은 52세이고, 16년 후에는 어머니의 나이가 딸의 나이의 2배가 된다고 한다. 현재 딸의 나이를 구하여라.

 풀·이·쓰·기

💬 Hint   표를 채우면서 문제를 풀어요.

	엄마	딸
현재		x
16년 후		

2 올해 은서와 아빠의 나이의 합은 50세이고, 10년 후에는 아빠의 나이가 은서 나이의 3배보다 2세 적다고 할 때, 올해 아빠의 나이를 구하여라.

 풀·이·쓰·기

💬 Hint   표를 채우면서 문제를 풀어요.

	아빠	은서
올해	x	
10년 후		

가로의 길이가 6cm인 직사각형이 있다. 이 직사각형의 가로의 길이를 1cm 줄이고, 세로의 길이를 3cm 늘렸더니, 처음 직사각형 보다 ~~넓이가 10 cm² 만큼 늘었다고 한다.~~ ← 중요포인!

처음 직사각형의 세로의 길이를 구하여라.

→ x cm라고 하자

```
   6cm
┌────────┐
│   처음  │ x cm
└────────┘
```

✏️ 풀·이·쓰·기

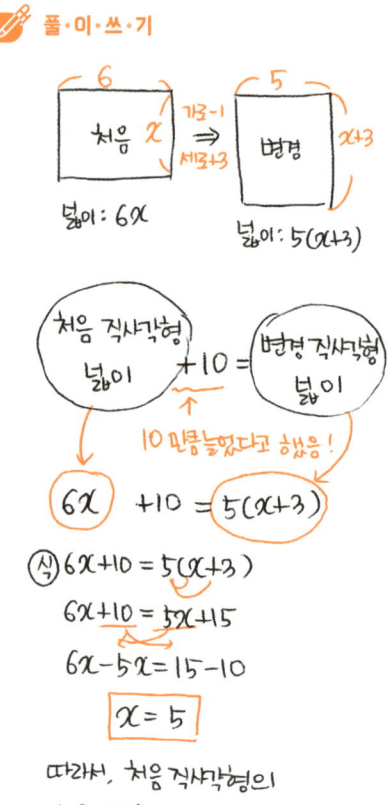

처음 직사각형 넓이 +10 = 변형 직사각형 넓이

↑ 10 만큼 늘었다고 했음!

$6x$ +10 = $5(x+3)$

(식) $6x+10 = 5(x+3)$

$6x+10 = 5x+15$

$6x-5x = 15-10$

$\boxed{x=5}$

따라서, 처음 직사각형의 세로의 길이는 5 cm 이다.

답 5 cm

1 한 변의 길이가 12 cm인 정사각형이 있다. 가로의 길이를 3 cm 늘이고, 세로의 길이를 x cm 줄인 직사각형의 넓이는 처음 정사각형의 넓이보다 24 cm²만큼 줄었다. 이때, 새로운 직사각형의 세로의 길이를 구하여라.

 풀·이·쓰·기

Hint 처음 정사각형의 넓이가 12 cm × 12 cm = 144 cm²이었으니까 새로운 직사각형의 넓이는 144 cm² − 24 cm² = 120 cm²이 되겠죠?

2 한 변의 길이가 3 cm 차이가 나는 두 정사각형 A, B가 있다. 이 두 정사각형 둘레의 길이 합이 132 cm일 때, 정사각형 A의 한 변의 길이를 구하여라.

풀·이·쓰·기

| A | B |

Hint A의 한 변의 길이는 x, B의 한 변의 길이는 $x+3$이에요.

일의 자리 숫자가 5인 두 자리의 자연수가 있다. $\boxed{x}\,\boxed{5}$ 십 일

이 자연수의 십의 자리 숫자와 일의 자리 숫자를 바꾼 수는 $\boxed{5}\,\boxed{x}$ 십 일

처음 수의 2배보다 2만큼 클 때, 처음 수를 구하여라.

식 만들기 조건!

🖊 **풀·이·쓰·기**

처음 수 ⇒ $\boxed{x}\,\boxed{5}$ ⇒ $10x+5$
십 일

바꾼 수 ⇒ $\boxed{5}\,\boxed{x}$ ⇒ $50+x$
십 일

식을 만들어 보자!

$\boxed{\text{바꾼 수}} = \boxed{\text{처음 수}} \times 2 + 2$

처음 수의 2배 보다 2만큼 크다.

$(50+x) = (10x+5) \times 2 + 2$

$50+x = 20x+10+2$

$50+x = 20x+12$

$x-20x = 12-50$

$-19x = -38$

$x=2$

처음 수가 $\boxed{x}\,\boxed{5}$ 이었고 $x=2$이므로
십 일

처음 수는 $\boxed{25}$ 이다.

답 25

1 십의 자리의 숫자가 4인 두 자리의 자연수가 있다. 이 자연수의 십의 자리의 숫자와 일의 자리의 숫자를 바꾸면 처음 수보다 27만큼 커질 때, 처음 수를 구하여라.

 풀·이·쓰·기

💬 **Hint** (바꾼 수)=(처음 수)+27

2 일의 자리의 숫자가 3인 두 자리의 자연수가 있다. 이 자연수는 각 자리의 숫자의 합의 8배보다 9만큼 작다고 한다. 이 자연수를 구하여라.

 풀·이·쓰·기

💬 **Hint** (이 자연수)=8×(각 자리 숫자의 합)−9

🔍 **알아두면 좋아요**

문자를 숫자로 읽어 봐요!

365를 우리는 '삼육오'라고 읽지 않고, '삼백육십오'라고 읽죠?
사실 우리는 365를 보는 순간 300+60+5를 우리도 모르게 계산하고 있는 거예요.
즉, 3은 백의 자리 숫자라서 100을 곱하고, 6은 십의 자리 숫자라서 10을 곱하고 마지막으로 5를 읽는 거죠.

만채가 등산을 하는데

올라갈 때는 시속 2km로 걷고, ①

내려올 때는 시속 3km로 걸었더니 ②

총 2시간 30분이 걸렸다.

올라간시간 + 내려온시간

만채가 올라간 거리를 구하여라

↳ x km라고 하자.

 풀·이·쓰·기

만채가 올라간 거리를 x km라고

하고, | 거 |
        | 속 | 시 | 표를 채워보자!

	↗	↘
거리	x km	x km
속력	시속 2km	시속 3km
시간	$\dfrac{x}{2}$ 시간	$\dfrac{x}{3}$ 시간

시간 = $\dfrac{거리}{속력}$

총 2시간 30분!!

(식) $\dfrac{x}{2} + \dfrac{x}{8} = 2시간 30분$

$\boxed{\dfrac{x}{2} + \dfrac{x}{3} = 2\dfrac{1}{2}}$ ← 시간으로 변경! $\dfrac{1}{2}$시간!

$\dfrac{x}{2} + \dfrac{x}{3} = \dfrac{5}{2}$ ⟩ 양변에 ×6

$3x + 2x = 15$

$5x = 15$

$x = 3$

★ 만채가 올라간
거리는 3km 이다.

답 **3 km**

1 준상이는 등산을 하는데 산을 올라갈 때는 시속 3 km로, 내려올 때는 올라갈 때보다 1 km가 더 먼 거리를 시속 5 km로 걸어서 총 2시간 20분이 걸렸다. 준상이가 올라간 거리를 구하여라.

풀·이·쓰·기

💬 **Hint**

(올라간 시간)＋(내려온 시간)＝2시간 20분

	올라갈 때	내려올 때
거리	x km	$(x+1)$ km
속력	시속 3 km	시속 5 km
시간		

2 윤진이는 집에서 8 km 떨어진 공원에 가는데 처음에는 시속 6 km로 뛰어가다가 도중에 지쳐서 시속 3 km로 걸어서 총 2시간이 걸렸다. 이때, 윤진이가 뛰어간 거리를 구하여라.

풀·이·쓰·기

💬 **Hint**

(뛴 시간)＋(걸은 시간)＝2시간

	뛸 때	걸을 때
거리	x km	$(8-x)$ km
속력		
시간		

총 거리가 8 km이므로, 뛰어간 거리를 x라고 하면 걸어간 거리는 $(8-x)$에요.

동생이 집을 나선 지 9분 후에
형이 동생을 따라 나섰다.
동생은 매분 50m의 속도로 걷고,
형은 자전거를 타고 매분 200m의
속도로 따라갔다. 동생이 출발한지
몇 분 후에 형이 동생을 만나게
될까? x분 후

형이 9분후 출발했는데
동생과 만났다?
⇒ 형의 시간 = 동생시간 − 9

빠른속도로 9분만큼 아껴서
따라잡은 것!

! Tip

• 거리, 속력, 시간 관계
  거리, 속력, 시간 관계가 어렵다면 이렇게
  한번 기억해 보세요!

① 거 / 속 | 시   거리＝속력×시간

② 거참 속 시원하네!
   (속력)×(시간)
   '참과 거짓'의 참! (=)
   (거리)

✏️ 풀·이·쓰·기

동생이 출발한지 x분 후에
형을 만났다고 하면,

거 / 속|시 표를 그려보자!

속 $\times$ 시	동생	형
거리	50x	200(x−9)
속력	분속 50m	분속 200m
시간	x분	(x−9)분

✱ 동생과 형이 같은 곳에서 출발!
  결국에 만났으므로
  동생의 거리 = 형의 거리

식) $50x = 200(x-9)$
  $50x = 200x - 1800$
  $50x - 200x = -1800$
  $-150x = -1800$ ⟍12
  $\dfrac{-150x}{-150} = \dfrac{-1800}{-150}$ ⟍8

  $x = 12$

따라서, 12분후 동생은 형을
만나게 된다 ✱

답 12분

1 소원이네 엄마는 자전거 또는 자동차를 타고 집에서 회사로 출근한다. 자전거는 시속 20 km로, 자동차는 시속 60 km로 달린다고 할 때, 자전거를 타고 가는 것이 자동차를 타고 가는 것보다 30분이 더 걸린다고 한다. 이때, 집과 회사 사이의 거리를 구하여라.

 풀·이·쓰·기

💬 Hint

(자전거 시간) − (자동차 시간) = $\dfrac{1}{2}$

	자전거	자동차
거리	x km	x km
속력		
시간		

자전거로 가나 자동차로 거나 어차피 집에서 회사를 가는 거리는 같아요! 근데 여기서 30분이 더 걸린다는 것은 시간이 더 걸린다는 말이겠죠?

🔍 알아두면 좋아요

거속시 MAN~!

거리, 속력, 시간의 관계를 떠올릴 때는 거속시 MAN을 생각하세요!
① (거리) = (속력) × (시간)

② (속력) = $\dfrac{(거리)}{(시간)}$

③ (시간) = $\dfrac{(거리)}{(속력)}$

일정한 속력으로 달리는 기차가 있다.
이 기차가 길이가 1200m인 터널을
완전히 통과하는데 60초가 걸리고, ①
길이가 700m인 터널을 완전히
통과하는데는 36초가 걸린다고 한다.
이 기차의 길이는? ②

↳ xm 라고 하자!

⚠️ **Tip**

• 기차가 완전히 통과했다는 말은 기차의 꼬리까지 터널을 통과했다는 말과 같아요.

✏️ **풀·이·쓰·기**

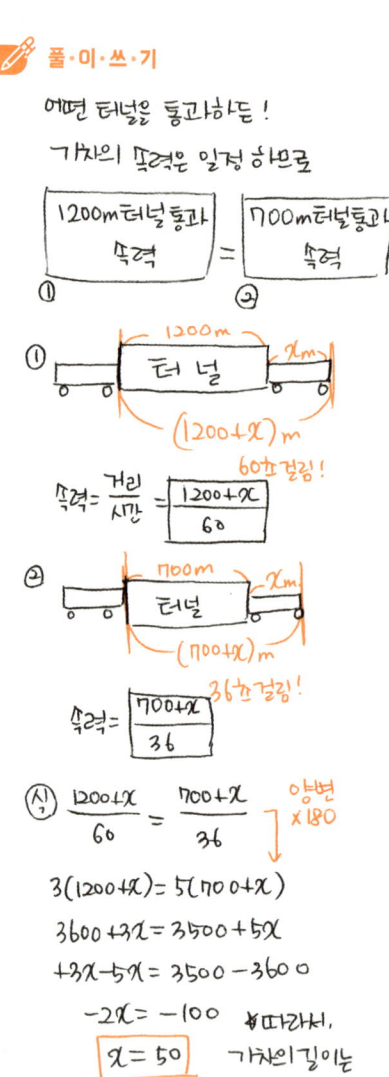

어떤 터널을 통과하든!
기차의 속력은 일정 하므로

| 1200m터널통과 속력 | = | 700m터널통과 속력 |
| ① | | ② |

① 1200m 터널 xm

$(1200+x)$ m

속력 = 거리/시간 = $\dfrac{1200+x}{60}$ 60초걸림!

② 700m 터널 xm

$(700+x)$ m

속력 = $\dfrac{700+x}{36}$ 36초걸림!

(식) $\dfrac{1200+x}{60} = \dfrac{700+x}{36}$ 양변 ×180

$3(1200+x) = 5(700+x)$
$3600 + 3x = 3500 + 5x$
$+3x - 5x = 3500 - 3600$
$-2x = -100$ 따라서,
$\boxed{x = 50}$ 기차의길이는
50m 이다.

📋 **50 m**

난이도 ★★★★★

1 일정한 속력으로 달리는 기차가 있다. 이 기차는 길이가 300 m인 다리를 통과하기까지 10초가 걸리고, 길이가 780 m인 터널을 완전히 통과하는 데 25초가 걸린다. 이 기차의 길이를 구하여라.

 **풀·이·쓰·기**

Ⅱ

문자와 식

Hint

(다리통과 속력)=(터널통과 속력)

	다리통과	터널통과
거리	$(300+x)$ m	
속력		
시간		

기차의 길이를 x라 하면 기차가 다리를 완전히 통과하는 거리는 $(300+x)$ m예요!

알아두면 좋아요

기차가 터널을 '완전히' 통과한다는 것은?

→ 터널의 길이만큼 갔다면, 아직 기차는 터널 안에 있기 때문에 '완전한' 통과가 아니에요.

→ (터널 길이)+(기차 길이)만큼 가야지 기차의 꼬리까지 통과하기 때문에 '완전한' 통과예요.

Ⅱ. 문자와 식 ● 137

수민이와 예은이는 <u>둘레의 길이가</u> <u>2.6 km인 호수의 둘레</u>를 <u>같은 지점에서 동시에 출발하여</u> <u>서로 반대 방향으로</u> 걷고 있다. 수민이는 <u>분속 80m</u>로 걷고, 예은이는 <u>분속 50m</u>로 걸을 때, 두 사람은 출발한지 몇 분 후에 <u>처음으로 다시 만나게 될까?</u> —*x*분 후

✏️ 풀·이·쓰·기

두 사람이 출발한 지 *x*분 후에 처음으로 다시 만났다고 하자.

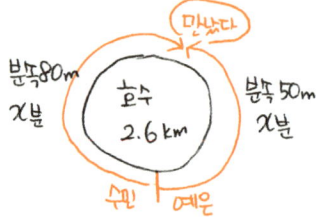

① <u>수민거리</u> + ② <u>예은거리</u> = 2.6 km ⟵ 2600m

① 수민거리 = 수민 속력 × 시간
$$= 80x \text{ m}$$

② 예은거리 = 예은 속력 × 시간
$$= 50x \text{ m}$$

(식) $80x + 50x = 2600$
　　수민 + 예은 ➡ 호수한바퀴!
$$130x = 2600$$
$$\boxed{x = 20}$$

따라서, 20분 후에 두사람은 다시 만난다!　🏷 답 **20분**

지연쌤의 SNS

☑️ **같은 방향으로 가도 다시 만날 수 있나요?**

호수나 운동장을 도는 문제에서 서로 같은 방향으로 출발해도 다시 만날 수 있어요!

우리나라 쇼트트랙 선수들처럼 빠른 사람이 느린 사람을 따라잡아 버리면, 다시 만날 수 있답니다. 이렇게 같은 방향으로 출발하는 문제가 나오면 이렇게 식을 세워 봐요.

(빠른 사람의 거리)−(느린 사람의 거리)=(한 바퀴 거리)

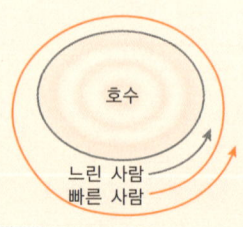

1 형과 동생이 둘레의 길이가 2.2 km인 호수를 같은 지점에서 반대 방향으로 동시에 출발하여 형은 분속 60 m로, 동생은 분속 50 m로 걸었다. 두 사람은 출발한 지 몇 분 후에 처음으로 만나는지 구하여라.

😀 **Hint**

(형의 거리) + (동생의 거리) = (호수 한 바퀴)

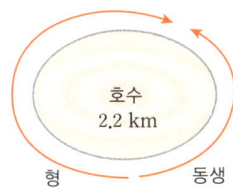

호수
2.2 km

형   동생

두 사람이 다시 만나는 데 걸리는 시간을 x분이라고 생각해 볼까요?

✏️ **풀·이·쓰·기**

2 형과 동생이 둘레의 길이가 420 m인 트랙의 같은 지점에서 같은 방향으로 동시에 출발하여 형은 분속 90 m로 걷고, 동생은 분속 60 m로 걸었다. 두 사람은 출발한 지 몇 분 후에 처음으로 만나는지 구하여라.

😀 **Hint**

(형의 거리) − (동생의 거리) = (트랙 한 바퀴)

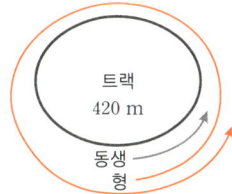

트랙
420 m

동생
형

같은 방향으로 간다면 형이 동생을 따라잡아야 만나게 되죠!

✏️ **풀·이·쓰·기**

Ⅱ
문자와식

060 소금물이 얼마나 짤까? 농도를 구해 보자

5%의 소금물과 9%의 소금물을 섞어 8%의 소금물 500g을 만들려고 한다. 이때, 9%의 소금물의 양을 구하여라.

↳ xg 이라고 하자.

! Tip

• 농도 구하는 문제 팁!

$$5\% \quad + \quad 9\% \quad = \quad 8\%$$

$(500-x)$g x g   500 g

① 소금의 양이 9%

→ x g 중에 $\dfrac{9}{100}$ 만큼이 소금!

즉, 소금의 양은 $\dfrac{9}{100}x$

② 소금의 양이 5%

→ $(500-x)$ g 중에 $\dfrac{5}{100}$ 만큼이 소금!

즉, 소금의 양은 $\dfrac{5}{100}(500-x)$

③ 소금의 양이 8%

→ 500 g 중에 $\dfrac{8}{100}$ 만큼이 소금!

즉, 소금의 양은 $\dfrac{8}{100}\times 500$

✏ 풀·이·쓰·기

9% 소금물의 양을 xg 이라 하고

농도
소금양
소금물양

그림을 그려보자!

농도	5%	9%	8%
소금	$\frac{5}{100}\times(500-x)$	$\frac{9}{100}x$	$\frac{8}{100}\times 500$
소금물	$500-x$g	xg	500g

$$\frac{5}{100}\times(500-x) + \frac{9}{100}x = \frac{8}{100}\times 500$$

소금의 양으로 식을 세우면

양변에 ×100

$$5(500-x)+9x=4000$$
$$2500-5x+9x=4000$$
$$-5x+9x=4000-2500$$
$$4x=1500$$
$$x=375$$

따라서, 9%의 소금물의 양은 375g 이다.

답 **375 g**

1 8 %의 설탕물과 16 %의 설탕물을 혼합하여 10 %의 설탕물 200 g을 만들려고 한다. 이때, 8 %의 설탕물의 양을 구하여라.

 풀·이·쓰·기

💬 **Hint**

빈칸을 한번 채우면서 문제를 풀어요.

농도	8 %	+	16 %	=	10 %
설탕의 양					
설탕물의 양	x g	+		=	

2 10 %의 설탕물 300 g이 있다. 여기에 물을 더 넣어서 6 %의 설탕물을 만들려고 한다. 몇 g의 물을 더 넣어야 하는지 구하여라.

 풀·이·쓰·기

💬 **Hint**

물은 설탕의 농도가 0 %니까 설탕의 양은 0g!

농도	10 %	+	0 %	=	6 %
설탕의 양			0 g		
설탕물의 양		+	x g	=	

061 혼자보다는 둘이서? 일의 양 구하기

채유와 원서는 드레스를 제작하는 일을 하고 있다. 드레스를 완성하는데 채유가 혼자하면 (10일)이 걸리고, 원서가 혼자하면 (15일)이 걸린다. 채유와 원서가 함께 작업하면 며칠만에 드레스를 완성할 수 있을까? x일 만에 완성!

하루 하루씩
하루 하루씩

✏️ 풀·이·쓰·기

해야하는 일의 양을 ①이라 하자

① 채유는 ①을 완성하는데
10일이 걸리니까
⇒ 하루에 $\frac{1}{10}$씩 일하는 셈!
($\frac{1}{10}$씩 × 10일 일하면? ① 완성!)

② 원서는 15일이 걸리니까
⇒ 하루에 $\frac{1}{15}$씩 일하는 셈!
($\frac{1}{15}$씩 × 15일 일하면? ① 완성!)

둘이 함께 x일을 작업해서
①을 완성해야 하니까
채유도 x일, 원서도 x일

| 채유가 x일 | + | 원서도 x일 | = | ① 완성!

(식) $\frac{1}{10}x + \frac{1}{15}x = 1$

양변에 30을 곱하면
$$3x + 2x = 30$$
$$5x = 30$$
$$\underline{x = 6}$$

따라서, 6일만에 드레스를
완성할 수 있다!

⚠️ Tip

• 일과 관련된 문제를 풀 때는 해야 하는 모든 일의 양을 '1'로 생각해서 풀어요.

📌 어떤 일을 하는 데 걸리는 시간이 5시간 이라면, 한 시간에 $\frac{1}{5}$만큼 일한다는 것을 말하고, 식으로 나타내면 $\frac{1}{5} × 5$시간 $= 1$ 이에요.

📘 **답** 6일

1 어떤 수영장에 물을 가득 채우는 데 A 호스로는 12시간, B 호스로는 15시간이 걸린다고 한다. 두 호스 A, B를 같이 사용하여 채운다면 이 수영장에 물을 가득 채우는 데 걸리는 시간을 구하여라.

 **풀·이·쓰·기**

💬 **Hint** A 호스로는 1시간에 $\frac{1}{12}$ 만큼,

B 호스로는 1시간에 $\frac{1}{15}$ 만큼 일해요.

🔍 **알아두면 좋아요**

일의 양을 구하는 문제 팁!

일을 완성한다.
물을 채운다.
옷을 만든다. 등

➡ 이런 문제는 무언가를 완성하는 '일의 양'을 구하는 문제야! 문제의 핵심을 알아볼까?

① 일의 총량을 '1'로 놓고 시작하자!
② 하루(또는 한 시간)에 얼마큼 일하는지 생각해 보자!

예를 들어 20일 일해서 일을 마쳤다? 그럼 하루에 $\frac{1}{20}$ 만큼 일했다는 것을 알 수 있죠.

지훈이네 학교의 올해 남학생 수는 작년에 비하여 8% 증가하였고, 여학생은 10% 감소하였다. 작년의 전체 학생 수가 ⃝300명⃝ 이었고 올해는 작년에 비해 ⃝6명⃝이 증가하였을 때,

→ 306 명이 되었네 !

작년 남학생 수를 구하여라.

→ x명 이었다 하자 !

🖊 풀·이·쓰·기

작년, 올해의 남학생, 여학생, 전체학생수 ⃝표⃝를 그려보자 !

	작년	증감	올해
남	x	$+\frac{8}{100}x$	
여	$(300-x)$	$-\frac{10}{100}(300-x)$	
전체	300	$+6$	306

⇓
증감량 부분으로 식을 세우자 !

$$+\frac{8}{100}x - \frac{10}{100}(300-x) = +6$$

남 8% ↑   여 10% ↓   최종 6명 ↑

양변에 100을 곱하면
$$+8x - 10(300-x) = +600$$
$$+8x - 3000 + 10x = +600$$
$$+18x = +3600$$
$$x = 200$$

따라서, 작년 남학생 수는
200명 이었다 !

🏷 **답** 200명

· 증감문제는 변화 전과 변화 후를 표로 그려서 푸는 것이 좋아요!

---

1 어느 중학교의 지난해 전체 학생 수는 800명이었다. 올해는 작년에 비해 남학생은 5 % 증가하고, 여학생은 3 % 감소하여 전체 학생 수가 16명 늘었다. 이 중학교의 지난해 남학생 수와 여학생 수를 각각 구하여라.

 풀·이·쓰·기

Hint

지난해 남학생 수를 x라 하면, 지난해 여학생 수는 $(800-x)$에요.

	지난해	증감량
남학생	x	
여학생		
전체	800	$+16$

알아두면 좋아요

학생 수가 몇 % 증가(또는 감소)했다는 말의 의미!

100명 → 8 % 증가 → 108명   200명 → 10 % 감소 → 180명

$$+\frac{8}{100}\times 100$$
$$=+8$$

$$-\frac{10}{100}\times 200$$
$$=-20$$

8 % 증가했다면, 결과는 (원래 인원)+(증가량)이고,
10 % 감소했다면, 결과는 (원래 인원)−(감소량)이에요.

학교 행사를 위해 강당에 학생들이 모여있다. 이 학생들을 긴 의자에 10명씩 앉히면 6명이 남고, 12명씩 앉히면 빈자리 없이 앉을 수 있지만 의자가 1개 남는다고 할 때, 총 학생수는 몇 명이었을까?

※ 이 문제에서는 학생 수를 묻고있지만 "의자의 개수를 x로 놓는 것이 좋습니다! 기억해두세요 ♥

풀·이·쓰·기

의자의 개수를 x개라고 하자.

①

x개 의자 +6명

➡ 학생수 $10x+6$ 명

② $12 \ 12 \ 12 \ \cdots \ 12 \ 12 \ x$

x개 의자 중에서 1개 의자 사용 X

➡ 즉! 12명씩 $(x-1)$개에 앉음

➡ 학생수 : $12(x-1)$ 명

학생 수는 동일하므로,

(식) $10x+6 = 12(x-1)$

$10x+6 = 12x-12$

$10x-12x = -12-6$

$-2x = -18$

$x = 9$ ← 의자개수

따라서, 학생수 9명? No! No!

학생수가 $10x+6$ 명 이었으므로 대입

$10 \times 9 + 6 = 90+6 = 96$명

Tip

• x 값은 의자의 개수이므로, 학생 수를 나타내는 식 $10x+6$이나 $12(x-1)$에 다시 대입해서 학생 수를 구하자!

답 96명

1 공연장의 긴 의자에 8명씩 앉히면 6명이 남고, 10명씩 앉히면 모두가 다 앉을 수 있지만 자리가 3개 남는다. 총 학생 수를 구하여라.

풀·이·쓰·기

😊 **Hint**
8명씩 앉을 때의 식은 $8x+5$이고, 10명씩 앉을 때의 식은 $10(x-3)$이에요.

2 강당의 긴 의자에 학생들이 앉는데 한 의자에 5명씩 앉으면 5명의 학생이 앉지 못하고, 한 의자에 6명씩 앉으면 마지막 의자에는 3명이 앉고 완전히 빈 의자 3개가 남는다고 한다. 이때, 강당에 있는 학생 수를 구하여라.

풀·이·쓰·기

😊 **Hint**
의자의 개수를 x로 놓는 것이 중요해! 좀 더 쉽게 풀려면 그림을 한번 그려 볼까요?

디오판토스의 묘비

디오판토스는 방정식을 최초로 미지수로 나타낸 고대의 수학자예요.

그에게는 아주 유명한 이야기가 하나 있어요. 바로 그의 묘비에 관한 이야기죠.

그의 묘비에는 수수께끼가 하나 적혀 있는데, 그 수수께끼는 방정식을 이용하여 그의 나이를 알 수 있도록 만든 문제예요. 조금만 생각하면 여러분도 쉽게 풀수 있으니 한번 풀어 볼까요?

> …
>
> 그는 인생의 $\frac{1}{6}$을 소년으로 보냈고,
>
> 다시 인생의 $\frac{1}{12}$가 지난 뒤에는 수염이 자랐다.
>
> 다시 일생의 $\frac{1}{7}$이 지나 결혼을 했고,
>
> 5년 만에 아들을 얻었다.
>
> 아들은 아버지 나이의 반밖에 살지 못했다.
>
> 아들을 보내고 그는 4년 뒤 일생을 마쳤다.
>
> …

이렇게 방정식을 글로 표현하니까 어려워 보이죠? 그의 나이(인생)를 x로 보고, 문장과 문장을 더하기로 표현하면 다음과 같은 식이 나와요.

$$\frac{1}{6}x+\frac{1}{12}x+\frac{1}{7}x+5+\frac{1}{2}x+4=x$$

이 식에 분모의 최소공배수인 84를 곱하고 식을 정리하면, 그의 나이를 구할수 있어요. 그의 나이는 바로 84세예요.

Ⅲ. 관계식과 그래프

#정비례 #반비례 #관계식

#그래프 #좌표평면 #실생활의 활용

세 점 A(-4,2), B(4,-3), C(1,2)를 좌표평면 위에 찍어봐! 나타내었을 때, 이 세 점을 꼭짓점으로 하는 삼각형 ABC의 넓이를 구하여라.

밑×높×$\frac{1}{2}$

✏️ 풀·이·쓰·기

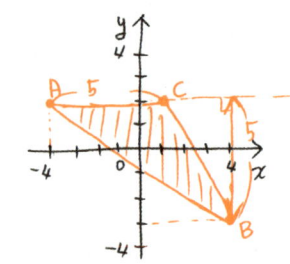

$\overline{AC}$의 길이를 밑변으로 하면

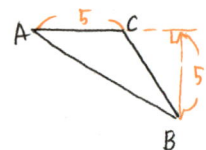

삼각형 ABC의 넓이는

$$5 \times 5 \times \frac{1}{2} = \frac{25}{2}$$ 이다.

답 $\frac{25}{2}$

⊘ Tip

- 그림을 그려 보니 $\overline{AB}$와 $\overline{BC}$의 길이는 알 수 없죠? 이때는 '길이를 구할 수 있는 선분'을 밑변으로 정하는 것이 중요해요!

- 단위가 주어지지 않았을 경우에는 답에 단위를 따로 쓰지 않아요.

지연 쌤의 SNS

☑ 삼각형을 그렸는데 밑변을 모르겠어요!

좌표평면에 삼각형을 그렸는데 세 선이 모두 비스듬하게 그어져 밑변을 구할 수 없으면 이렇게 한번 풀어 보세요.

이렇게 삼각형이 만들어지면 고난이도 문제! 이럴 때는 직사각형을 먼저 구하고, 나머지 삼각형 ①, ②, ③을 빼는 방식으로 넓이를 구할 수 있어요. (삼각형의 넓이)=(직사각형의 넓이)-(①+②+③)

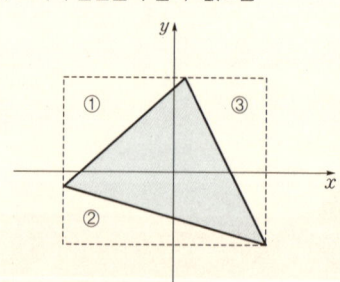

1 좌표평면 위의 세 점 A$(-3, -1)$, B$(1, -1)$, C$(0, 3)$을 꼭짓점으로 하는 삼각형 ABC의 넓이를 구하여라.

😀 Hint
좌표평면에 직접 그리면서 문제를 풀어요.

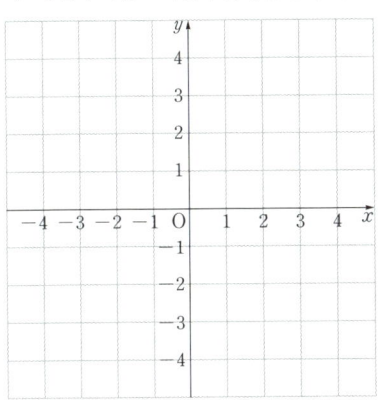

 풀·이·쓰·기

2 좌표 평면 위의 세 점 A$(1, 3)$, B$(-3, -3)$, C$(4, -3)$를 꼭짓점으로 하는 삼각형 ABC의 넓이를 구하여라.

😀 Hint
좌표평면에 직접 그리면서 문제를 풀어요.

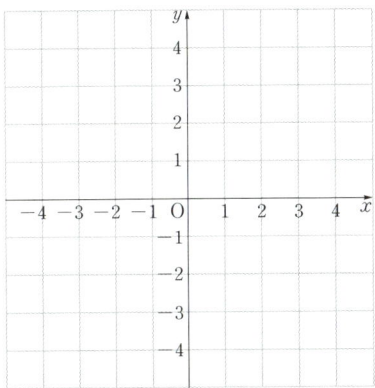

✏️ 풀·이·쓰·기

$ab>0$, $a+b<0$ 일 때,

점 $(-a, b)$와 같은 사분면위에

있는 점은?

① (2,4)   제1사분면

② (3,-2)   제4사분면

③ (-1, 5)   제2사분면

④ (-4,-3)   제3사분면

⑤ (0,2)   양축 위의점

두 조건으로 일단 a, b의 부호를 �!

⚠ Tip

• 사분면을 알아보자!

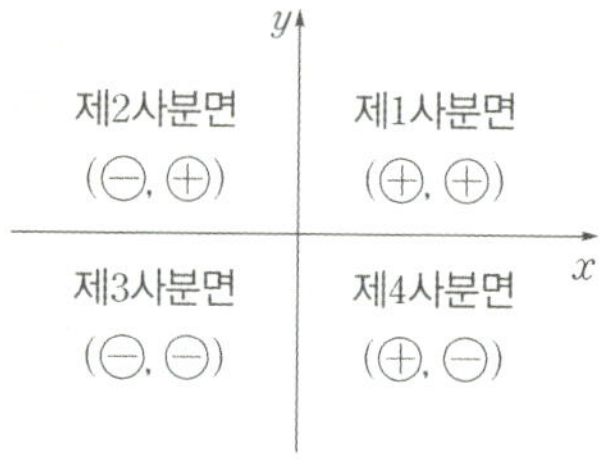

	y	
제2사분면 $(\ominus, \oplus)$		제1사분면 $(\oplus, \oplus)$
제3사분면 $(\ominus, \ominus)$		제4사분면 $(\oplus, \ominus)$

✏ 풀·이·쓰·기

① $ab>0$ ⇒ 곱해서 양수?

$$\begin{bmatrix} a\oplus \ b\oplus \\ a\ominus \ b\ominus \end{bmatrix} ⇒ 두가지 경우뿐!$$

② 위에서 골라낸

$$\begin{bmatrix} a\oplus \ b\oplus \\ a\ominus \ b\ominus \end{bmatrix} 중에서$$

→ 더하면 $\oplus$

→ 더하면 $\ominus$

$a+b<0$, 즉 더해서 음수인 경우?

⇒ $a\ominus$, $b\ominus$ 로 결정!

$\hookrightarrow a<0$, $b<0$

③ $(-a, b)$ 를 결정해보자!

$$\begin{array}{cc} -\ominus & \ominus \\ \Downarrow & \Downarrow \\ \oplus & \ominus \end{array}$$

따라서, $(-a, b) ⇒ (\oplus, \ominus)$

⇒ 제 4사분면위의 점!

답 ②

1 $a<0$, $b>0$일 때, 점 $\left(\dfrac{b}{a},\ -ab\right)$는 제 몇 사분면 위의 점인가?

 풀·이·쓰·기

① 제1사분면 　　② 제2사분면
③ 제3사분면 　　④ 제4사분면
⑤ x축 위의 점

😄 **Hint**　나눗셈도 곱셈과 마찬가지!
$(-)$ 부호가 홀수면 $(-)$, $(-)$ 부호가 짝수면 $(+)$

2 $ab<0$, $a<b$일 때, 점 $(a,\ -b)$는 몇 사분면 위의 점인가?

 풀·이·쓰·기

① 제1사분면 　　② 제2사분면
③ 제3사분면 　　④ 제4사분면
⑤ x축 위의 점

🔍 **알아두면 좋아요**

점 $(1, 0)$은 몇 사분면이지?

여러분 좌표평면 위에 있는 모든 점들은 제1~4사분면 위에만 있을까요?
정답은 '그렇지 않습니다!'예요.
네 개의 사분면은 좌표 평면을 모두 포함하는 것처럼 보이지만 사실 x축과 y축 위의 점들은 포함하고 있지 않아요. 예를 들면 $(2, 0)$, $(-10, 0)$, $(0, 4)$, $(0, -2)$와 같은 점들은 사분면들의 어느 조건에도 포함되지 않고 x축과 y축에만 있는 점들이에요.

y가 x에 정비례 하고,

$x = 10$ 일 때, $y = -5$ 이다.

x와 y의 관계식을 구하면?

$\boxed{y = ax}$ 꼴!

 풀·이·쓰·기

정비례 관계식

⇒ $\boxed{y = ax}$

a값을 구하면 끝!

$x = 10$ 일 때, $y = -5$ 이므로

$y = ax$에 각각 대입하면

$$\underset{\uparrow -5}{}\quad\underset{\uparrow 10}{}$$

$$-5 = a \times 10$$
$$-5 = 10a$$
$$\frac{-5}{10_2} = \frac{10a}{10}$$
$$-\frac{1}{2} = a$$

⇒ 따라서,

$a = -\frac{1}{2}$ 이다.

그러면!

관계식은 $\boxed{y = -\frac{1}{2}x}$ 가 된다.

답 $y = -\frac{1}{2}x$

⚠ **Tip**

· 정비례 관계식 구하기

① 정비례이므로 $y = ax$식을 이용해요.

② 주어진 값을 x, y에 대입해서 a를 구해요.

③ 다시 a값을 $y = ax$식에 넣어주면 관계식 완성!

지연쌤의 SNS

☑ **관계식을 구하면 얼마든지 응용할 수 있어요!**

$x = ☆$일 때, y값을 구하여라. ➡ 관계식에 $x = ☆$를 대입하면 끝!

$y = ♡$일 때, x값을 구하여라. ➡ 관계식에 $y = ♡$를 대입하면 끝!

예를 들어 $y = 3x$라는 식이 있어요. $x = 5$일 때와 $y = -6$일 때의 값을 구하면,

x는 5일 때, $y = 3 \times 5 = 15$, y값은 15

y는 -6일 때, $-6 = 3 \times x$, $x = \frac{-6}{3} = -2$, x값은 -2

1 y가 x에 정비례하고, $x=4$일 때, $y=2$ 이다. x와 y의 관계식을 구하여라.

 풀·이·쓰·기

2 다음 그래프가 나타내는 관계식을 구하여라.

 풀·이·쓰·기

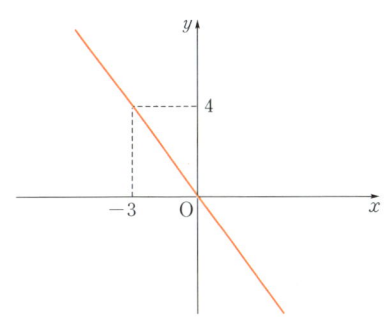

💬 Hint 그래프를 잘 보면 x가 -3일 때, y는 4예요.

🔍 **알아두면 좋아요**

관계식 문제에서 이 문장들은 서로 같은 의미예요.

$x=2$일 때, $y=3$이다. $=$ 그래프가 점 $(2, 3)$을 지난다.

다음 중 정비례 관계 $y=\frac{4}{3}x$의 그래프에 대한 설명으로 옳지 않은 것은?

① $(3, 4)$를 지난다.

② 원점을 지난다.

③ 제 2 사분면을 지난다.

④ x값이 증가하면, y값도 증가한다.

⑤ $x = -6$ 일 때, $y = -8$ 이다.

 풀·이·쓰·기

$\underline{y = \frac{4}{3}x}$ 의 그래프를 그려보자!

↳ $y = ax$ 꼴의 그래프는 원점을 지나는 직선!

⇒ $x = 3$ 일 때, $y = 4$ 이므로

⇒ $(3, 4)$를 지난다!

⇒ ①, ② 번 통과!

③ 제 2사분면? No!

④ x값↑ y값↑? Yes!

y값이 증가한다.

x값이 증가하면

⑤ $x = -6$일 때, $y = -8$? Yes!

$y = \frac{4}{3}x$ ⇒ $y = \frac{4}{3} \times (-6) = -8$

−6 대입

답 ③

지연쌤의 SNS

☑ 정비례 관계의 그래프를 그려 보자!

원점을 지나는 직선에서

$a > 0$일 때,
① 제1, 3사분면을 지난다.
② x의 값이 증가하면 y의 값도 증가한다.

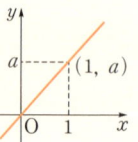

$a < 0$일 때,
① 제2, 4사분면을 지난다.
② x의 값이 증가하면 y의 값은 감소한다.

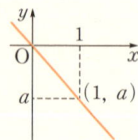

1 다음 중 정비례 관계 $y=-\dfrac{3}{2}x$의 그래프에 대한 설명으로 옳지 <u>않은</u> 것은?

 풀·이·쓰·기

① 점 $(2, -3)$을 지난다.
② 원점을 지나는 직선이다.
③ 제2, 4사분면을 지난다.
④ x의 값이 증가하면, y값은 감소한다.
⑤ $x=6$일 때, $y=9$이다.

2 다음 중 정비례 관계 $y=-\dfrac{2}{3}x$의 그래프로 옳은 것은?

풀·이·쓰·기

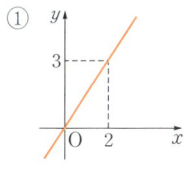
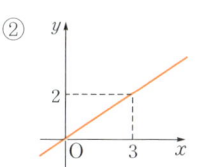
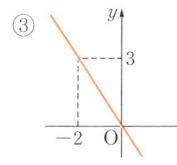
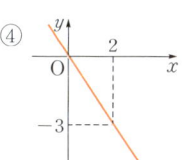
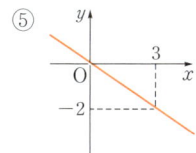

068 |a|만 봐도 그래프가 얼마나 기울었는지 알 수 있지

정비례 관계 $y=ax$의 그래프가
아래 그림과 같을 때,
다음 중 상수 a값이 될수 있는 것은?

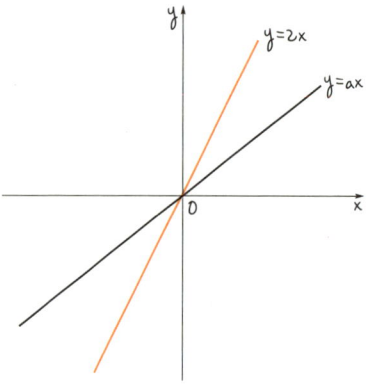

① -2　② $-\frac{1}{3}$　③ $\frac{2}{3}$

④ 2　⑤ 3

✏️ 풀·이·쓰·기

㉠ 그래프가 제 1, 3 사분면을
　　지나고 있으므로 $\boxed{a>0}$

㉡ $y=2x$의 그래프보다
　　y축에서 멀리 떨어져 있으므로

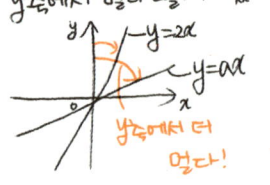

　　y축에서 더 멀다!

　　a값은 2보다 작아야 한다.

⇒ ㉠, ㉡을 종합하면
　　$\boxed{0<a<2}$ 이어야 한다!

보기 중에서 ↑ 이 범위에 드는 값은

③ $\frac{2}{3}$ 뿐이다.

 답 ③

지연쌤의 SNS

☑ a값을 알면 y축에서부터 얼마나 떨어져 있는지 알 수 있어요!

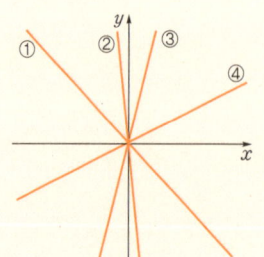

함수: ① $y=-\frac{5}{4}x$, ② $y=-5x$, ③ $y=4x$, ④ $y=\frac{1}{2}x$

절댓값: ① $\frac{5}{4}$, ② 5, ③ 4, ④ $\frac{1}{2}$

그래프를 보면 y축에 가장 가까운 그래프는 ②에요.
또, 네 개의 그래프 중에서 ②의 $|a|$가 가장 크죠.
그럼 x축에 가장 가까운 그래프는
$|a|$가 가장 작은 ④가 되겠네요!

1 다음 그림에서 $y = -2x$의 그래프가 될 수 있는 것은?

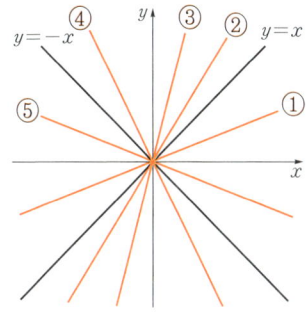

😊 **Hint**

우선 $a < 0$이므로 그래프는 제2, 4사분면을 지나겠죠?

🖊 풀·이·쓰·기

2 $y = x$의 그래프와 직선 l이 다음과 같을 때, 직선 l이 될 수 있는 것은?

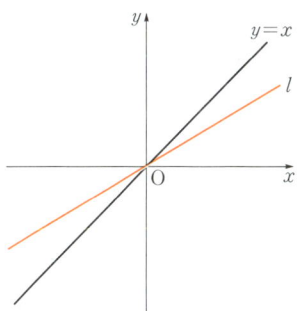

① $y = -2x$ ② $y = -\dfrac{1}{2}x$ ③ $y = \dfrac{1}{2}x$

④ $y = 2x$ ⑤ $y = 4x$

🖊 풀·이·쓰·기

069 정비례 관계의 그래프에 대한 문제

아래 그림과 같은 정비례 관계의 그래프에 대해 다음 물음에 답하여라.

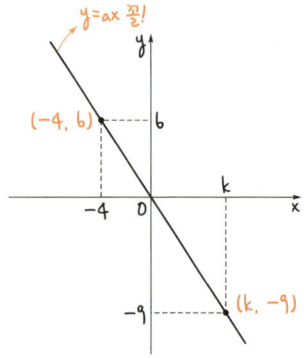

(1) 그래프의 관계식을 구하여라.

(2) k 값을 구하여라.

$y=ax$에서

대입해서 a값 구하기!

(1)에서 구한 식에 다시 $(k, -9)$ 대입.

⚠ Tip

• 그래프의 식을 구하는 팁
  그래프가 어떤 점을 지난다면, 대입을 통해 그래프의 식을 구할 수 있어요.

✏ 풀·이·쓰·기

(1) 정비례 관계식은? $\boxed{y=ax}$

⇒ 문제에서 $(-4, 6)$을 지나는 것이 주어졌으므로 대입!

⇒ $y=ax$
    6 -4

⇒ $6 = -4a$
   $\overline{-4}$ $\overline{-4}$

⇒ $\boxed{a = -\dfrac{3}{2}}$

$y = -\dfrac{3}{2}x$ 관계식

(2) $y = -\dfrac{3}{2}x$ 가 $(k, -9)$를 지나는 것이므로

$y = -\dfrac{3}{2}x$
 -9 k 대입!

⇒ $-9 = -\dfrac{3}{2}k$
                          양변 $\times \left(-\dfrac{2}{3}\right)$

$\left(-\dfrac{2}{3}\right) \times -9 = -\dfrac{3}{2}k \times \left(-\dfrac{2}{3}\right)$

⇒ $\boxed{k = +6}$

답 (1) $y = -\dfrac{3}{2}x$ (2) $y = 6$

1 $y=ax$의 그래프가 다음 그림과 같을 때, a, b의 값을 각각 구하여라.

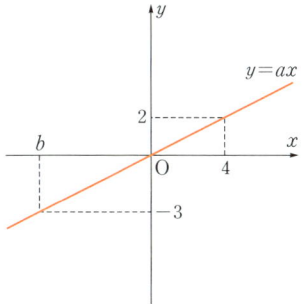

2 $y=\dfrac{4}{3}x$의 그래프가 다음과 같이 두 점을 지날 때, a, b의 값을 각각 구하여라.

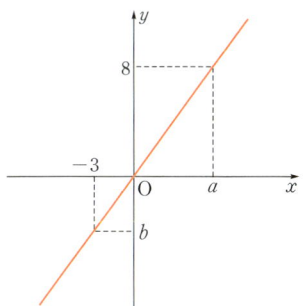

✎ 풀·이·쓰·기

 Hint $y=\dfrac{4}{3}x$라는 그래프에 두 점을 각각 대입해요.

아래 그림과 같이 정비례 관계 $y = -\dfrac{7}{5}x$ 의 그래프 위의 한 점 A에서 x축에 내린 수선과 x축이 만나는 점 B의 좌표는 $(5, 0)$ 이다.

이때, $\triangle AOB$의 넓이는?

그림에 다 있어!

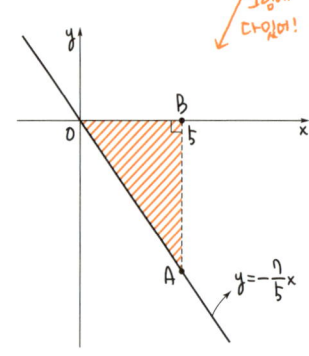

✏️ 풀·이·쓰·기

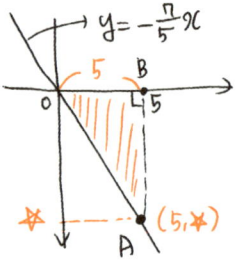

이런 이야기는

$(5, ★)$

★을 구하면 $\triangle AOB$의 높이를 알 수 있다!

① ★을 구하자!

$y = -\dfrac{7}{5}x$ 에 $(5, ★)$을 대입

$★ = -\dfrac{7}{5} \times 5 = -7$

②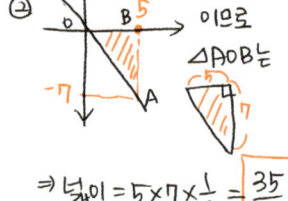

이므로 $\triangle AOB$는

$\Rightarrow$ 넓이 $= 5 \times 7 \times \dfrac{1}{2} = \boxed{\dfrac{35}{2}}$

답 $\dfrac{35}{2}$

✉️ 그래프로 만들어지는 도형의 넓이

도형의 길이를 이야기할 때는 음수를 이야기하지 않아요!

좌표가 0에서 -7까지여도 그 길이는 7이고, 좌표가 0에서 -5까지여도 그 길이는 5이기 때문이죠! 그러니까 조금 어렵게 표현하자면, 절댓값만 생각하면 된답니다.

1 다음 그림과 같이 함수 $y=2x$의 그래프 위의 점 P에서 y축에 평행하게 그은 직선이 x축과 만나는 점을 Q라고 하자. 점 P의 y좌표가 6일 때, 삼각형 POQ의 넓이는?(단, O는 원점)

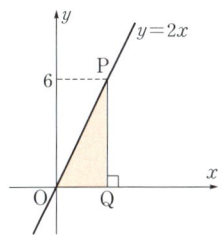

① 9   ② 12   ③ 15

④ 18   ⑤ 21

풀·이·쓰·기

III

관계식과 그래프

y가 x에 반비례하고,
$\longrightarrow y = \dfrac{a}{x}$꼴!
$x=3$일 때, $y=8$이다.

다음 물음에 답하여라.

(1) 반비례 관계식을 구하여라.

(2) $x=-6$일 때, y의 값은?

✏️ 풀·이·쓰·기

(1) 반비례 관계식은 $y = \dfrac{a}{x}$꼴

$\Rightarrow x=3, y=8$을 대입하면

$y = \dfrac{a}{x} \Rightarrow 8 = \dfrac{a}{3} \Rightarrow \boxed{a=24}$

$\Rightarrow$ 관계식: $y = \dfrac{24}{x}$

(2) $y = \dfrac{24}{x}$ 에 $x=-6$을 대입!

$y = \dfrac{24}{-6} = -4$

$\Rightarrow x=-6$일 때, $y=-4$

답 (1) $y = \dfrac{24}{x}$, (2) $y = -4$

☑ 반비례 관계식을 빨리 구하는 방법!

반비례 그래프에서 $x=3$, $y=8$일 때,

① xy를 구한다! → $xy = 3 \times 8 = 24$

② 반비례 관계식에 대입한다! → $y = \dfrac{24}{x}$

끝! 간단하죠? 반비례 관계식은 $y = \dfrac{a}{x}$ 이므로 $xy=a$가 되어 xy값이 항상 일정해요.

1 y가 x에 반비례하고, $x=4$일 때, $y=2$ 이다. 이때, 반비례 관계식을 구하고 $x=-4$일 때 y의 값을 구하여라.

 풀·이·쓰·기

2 다음 그래프가 나타내는 관계식을 구하 여라.

 풀·이·쓰·기

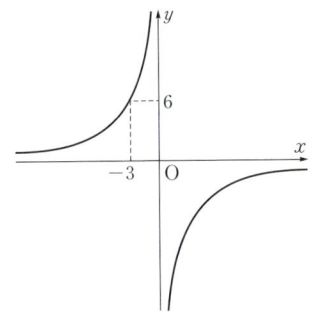

💬 **Hint** $y=\dfrac{a}{x}$의 식에 대입을 해요.

🔍 **알아두면 좋아요**

반비례 관계식을 빨리 구하는 방법을 이용하면 위의 문제도 빨리 풀 수 있어요.

1번 문제는 $xy=8$로 $y=\dfrac{8}{x}$, 2번 문제는 $xy=-18$로 $y=-\dfrac{18}{x}$이에요!

정말 쉽죠? 하지만 이 방법은 그냥 빨리 푸는 팁인 것을 알아야 해요! 반드시 대입해서 푸는 방법에 익숙해져야 나중에 학년이 올라가서도 어려운 문제에 잘 대처할 수 있어요.

반비례 관계의 그래프

반비례 관계 $y=\dfrac{a}{x}\,(a\neq0)$의 그래프에 대한 설명으로 옳은 것을 <보기>에서 모두 고르시오.

———— <보기> ————

㉠ 점 $(1, a)$를 지나는 직선이다.

㉡ $a>0$일 때, 제 1사분면, 제 3사분면을 지난다.

㉢ 원점을 지난다.

㉣ 한 쌍의 매끄러운 곡선이다.

㉤ $a<0$이면, x값이 증가할 때 y값은 감소한다.

✏️ **풀·이·쓰·기**

㉠ $y=\dfrac{a}{x}$에 $x=1$을 대입하면

$y=\dfrac{a}{1}$이므로 $y=a$가 된다.

즉, $(1, a)$를 지난다!

㉡ $y=\dfrac{a}{x}$ 그래프는

$a>0$일 때   제1,3 사분면

$a<0$일 때   제2,4 사분면

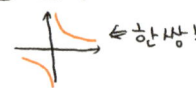

㉢ 반비례 관계 그래프는 원점을 지나지 않고!

➡ 원점에 대해 대칭이다

㉣ 한 쌍의 매끄러운 곡선이다!

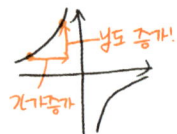
←한 쌍!

㉤ $a<0$이면,

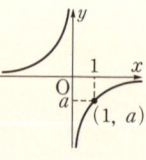
y도 증가!
x가증가

답 ㉠, ㉡, ㉣

지연쌤의 SNS

☑ **반비례 관계의 그래프를 그려 보자!**

반비례 그래프는 좌표축에 한없이 가까워지는 한 쌍의 곡선이에요.

$a>0$일 때,
① 제1, 3사분면을 지난다.
② 각 사분면 내에서 x의 값이 증가하면 y의 값은 감소한다.

$a<0$일 때,
① 제2, 4사분면을 지난다.
② 각 사분면 내에서 x의 값이 증가하면 y의 값도 증가한다.

1 다음 중 반비례 관계 $y=\dfrac{8}{x}$의 그래프에 대한 설명으로 옳은 것은?

① 점 $(2, 16)$을 지난다.
② 원점을 지나는 직선이다.
③ 제1사분면과 제2사분면을 지난다.
④ 제1사분면 내에서 x의 값이 증가하면 y의 값도 증가한다.
⑤ 제3사분면 내에서 x의 값이 증가하면 y의 값은 감소한다.

🖊 풀·이·쓰·기

2 다음 중 함수 $y=-\dfrac{6}{x}$의 그래프로 옳은 것은?

🖊 풀·이·쓰·기

① ②
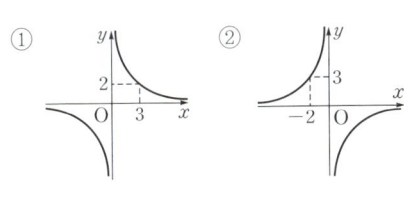

③ ④
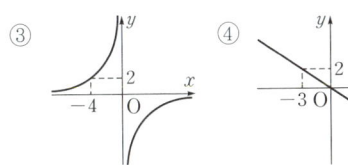

⑤
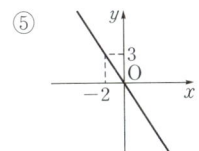

다음 반비례 관계의 그래프 중

원점에서 가장 먼 것은?

① $y = -\dfrac{7}{x}$

② $y = -\dfrac{4}{x}$

③ $y = \dfrac{2}{x}$

④ $y = \dfrac{3}{x}$

⑤ $y = \dfrac{5}{x}$

원점으로부터
얼마나
떨어져있는가?
⇒ $|a|$ 체크!

⚠ Tip

• 반비례 관계 $y = \dfrac{a}{x} (a \neq 0)$의 그래프는

① a의 절댓값이 작을수록 원점에 가까워요.

② a의 절댓값이 클수록 원점에서 멀리 있어요.

✏ 풀·이·쓰·기

$|a|$: a의 절댓값이 클수록

원점에서 멀어진다!

①~⑤의 $|a|$값을 찾아보자.

① $a = -7 \Rightarrow |a| = 7$ ☆ 제일 크다!

② $a = -4 \Rightarrow |a| = 4$

③ $a = 2 \Rightarrow |a| = 2$

④ $a = 3 \Rightarrow |a| = 3$

⑤ $a = 5 \Rightarrow |a| = 5$

따라서, 원점에서 제일

먼~ 그래프는 ①번 그래프!

답 ①

지연 쌤의 SNS

☑ 잠깐 맛보는 고등 수학 엿보기!

여기 두 개의 관계식 $y = ax$, $y = \dfrac{a}{x}$가 있어요. 각각 정비례와 반비례 관계식이죠?

자! 여기서 y를 $|y|$로 바꿔 주면 그래프의 모양이 어떻게 바뀔까요?

절댓값 y는 음수가 나올 수 없기 때문에 그림과 같이 거울처럼 그래프가 그려져요!

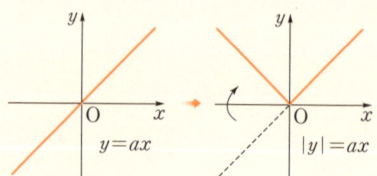

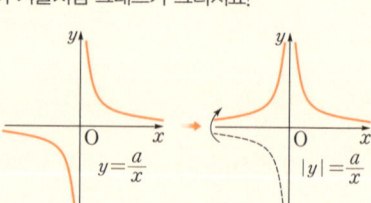

1 다음 반비례 관계의 그래프 중 원점에서 가장 가까운 것은?

① $y = -\dfrac{5}{x}$ ② $y = -\dfrac{3}{x}$ ③ $y = \dfrac{2}{x}$

④ $y = \dfrac{3}{x}$ ⑤ $y = \dfrac{4}{x}$

 풀·이·쓰·기

💬**Hint** 직접 그리는 것도 좋은 방법이지만, a의 절댓값을 비교하면 그래프의 모양을 알 수 있을 거예요!

2 반비례 관계 $y = \dfrac{a}{x}$, $y = -\dfrac{1}{x}$의 그래프가 다음과 같을 때, 다음 중 상수 a의 값이 될 수 있는 것은?

풀·이·쓰·기

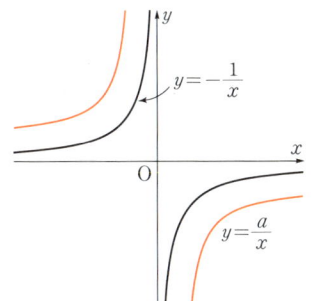

① -2 ② -1 ③ $-\dfrac{2}{3}$

④ $\dfrac{1}{2}$ ⑤ 3

074 반비례 그래프의 식 구하기

아래 그림과 같이 반비례 관계 그래프가 두 점 $(4,4)$, $(-8,p)$를 지날 때, 그래프의 식을 구하고, p의 값을 구하려라.

$y = \dfrac{a}{x}$

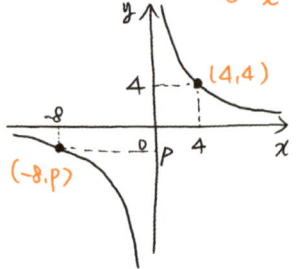

✏️ 풀·이·쓰·기

① 반비례 관계의 식은
$$y = \frac{a}{x}$$
이므로 여기에 $(4,4)$를 대입해서 a를 구하자!

$$\Rightarrow 4 = \frac{a}{4} \Rightarrow a = 16$$

따라서, 주어진 그래프의 관계식은 $\boxed{y = \dfrac{16}{x}}$ 이다.

② $y = \dfrac{16}{x}$에 $(-8,p)$를 대입하면 p값을 구할 수 있다!

$$\Rightarrow p = \frac{16}{-8} \Rightarrow \boxed{p = -2}$$

답 -2

⚠️ Tip

• 반비례 관계식이므로 그래프를 지나는 점을 알면 바로 $xy = 4 \times 4 = 16$으로 a를 빠르게 구할 수 있어요.

지면 쌤의 SNS

☑ 반비례 그래프는 x축과 y축에 닿을 수 없나요?

여기 반비례 관계식 $y = \dfrac{1}{x}$가 있어요.

이 그래프가 x축에 닿으려면 y좌표가 0이 되어야겠죠? 대입을 하면 $0 = \dfrac{1}{x}$가 되고, 이항하면 $x \times 0 = 1$인데… x에 어떤 수가 오더라도 $0 = 1$이 되어서 식이 틀리게 되죠!
마찬가지로 그래프가 y축에 닿으려면 x좌표가 0이 되어야 하는데 분모에는 0이 올 수 없어요!
그래서 반비례 그래프는 **x축과 y축에 한없이 가까워지지만!** 축에는 절대 닿을 수 없어요.

1 관계식 $y=\dfrac{a}{x}$의 그래프가 다음과 같을 때, 점 A의 x좌표를 구하여라.(단, a는 상수)

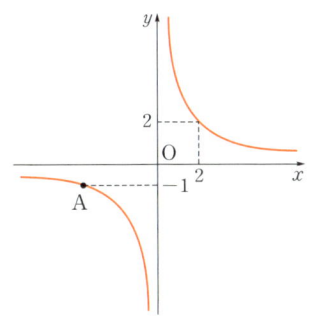

2 관계식 $y=\dfrac{a}{x}$의 그래프가 다음과 같을 때, $\dfrac{a}{b}$의 값을 구하여라.(단, a는 상수)

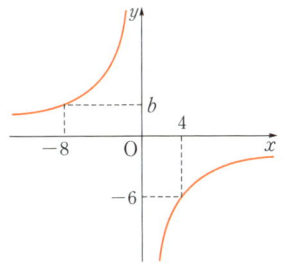

수학 읽기

우리 주변에서 찾을 수 있는 반비례 관계

우리 주변에서 반비례 관계에 있는 것들은 무엇이 있을까요? 먼저 8조각으로 이루어진 케이크나 피자를 먹을 때를 생각해 볼까요? 나 혼자 먹는다면 8조각을 먹을 수 있고, 둘이서 먹으면 4조각, 넷이서 먹으면 2조각, 8명이서 먹으면 1조각씩 먹겠죠? 그럼 식으로 한번 만들어 봐요. $y=\dfrac{a}{x}$에서 $(1, 8)$을 대입하면 $y=\dfrac{8}{x}$라는 관계식이 나오네요!

여러분도 한번 주변에서 반비례 관계를 찾아보고, 식으로 만들어 보세요.

아래 그림과 같은 반비례 관계의 그래프 위의 점 A에서 두 좌표축과 평행한 직선을 그어 좌표축과 만나는 점을 각각 B, C라고 할 때, 직사각형 ABOC의 넓이는?

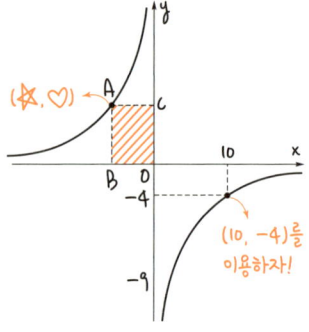

⚠ Tip

• 반비례 그래프 $y = \dfrac{a}{x}$ 에서 그래프 위의 점으로 만들어지는 도형의 넓이는 $|a|$ 와 같아요.

풀·이·쓰·기

먼저, 관계식을 구해보자!

$y = \dfrac{a}{x}$ 꼴이고, $(10, -4)$ 를 지남!

대입   또는! 둘이 곱해서 바로

$\Rightarrow -4 = \dfrac{a}{10} \Rightarrow a = -40$

$\Rightarrow$ 관계식: $\boxed{y = -\dfrac{40}{x}}$

점 A의 좌표를 $(\bigstar, \heartsuit)$ 라고 하면
    둘이 곱해도 -40 이 되어야!

$\Rightarrow \boxed{\bigstar\heartsuit = -40}$

여기에서!

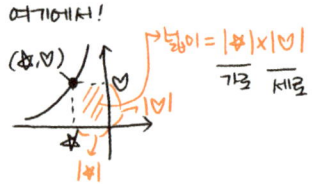

$\bigstar\heartsuit = -40$ 이므로 $|\bigstar| \times |\heartsuit| = 40$

각각을 음수 없이 곱해서 -40

왜? $y = -\dfrac{40}{x}$ 위의 점이니까!

따라서, 직사각형 ABOC의 넓이는 40 이다.

답 40

1 다음과 같이 반비례 관계 $y=\dfrac{11}{x}$의 그래프가 점 P를 지날 때, 사각형 AOBP의 넓이를 구하여라.

 풀·이·쓰·기

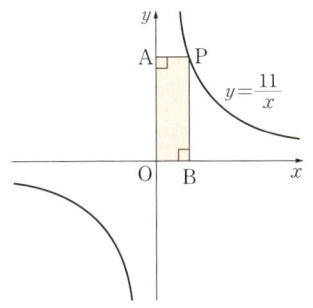

2 다음과 같이 반비례 관계의 그래프 위의 점 P에서 두 좌표축과 평행한 직선을 그어 좌표축과 만나는 점을 각각 Q, R이라고 할 때, 직사각형 PQOR의 넓이를 구하여라.

 풀·이·쓰·기

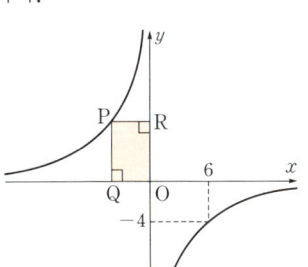

🔍 **알아두면 좋아요**

반비례 그래프로 만들어진 도형의 넓이 정~말 쉽게 구하기!

반비례 그래프 $y=\dfrac{a}{x}$ 위의 점 A에서 두 좌표축과 평행한 직선을 그어 만들어지는 직사각형의 넓이는 그냥 $|a|$와 같습니다. 무슨 말이냐고요?
직사각형의 가로 길이는 $|x$좌표$|$이고, 세로 길이는 $|y$좌표$|$이죠? 결국 넓이는 (x좌표까지 거리)×(y좌표까지 거리)가 되고, $|a|$가 도형의 넓이가 되는 거죠.

길이가 20cm인 양초에 불을 붙이면 3분에 1.2cm씩 길이가 일정하게 줄어든다. 양초에 불을 붙인 지 ⓧ분 후 양초의 줄어든 길이를 ⓨcm라고 할 때 x와 y 사이의 관계식을 구하여라.

↓

일단, x와 y의 대응표를 그려봐

⬇

정비례 or 반비례 선택

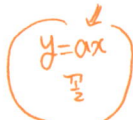

$y=ax$
꼴

$y=\dfrac{a}{x}$
꼴

✏️ 풀·이·쓰·기

① x와 y의 대응표를 그려보자!

x분 후	3	6	9
$y$cm 줄어듦	1.2	2.4	3.6

(×2, ×3)

⇒ 정비례 관계구나!

$$y=ax \quad 꼴$$

a를 구해야 관계식을 완성하는데..
그러면 대입할 x, y값이 필요!
저 2개 대응표에 있다!

② $x=3$, $y=1.2$를 대입하자.

$$y=ax$$
  ↑   ↑
 1.2 3   대입!

$$\Rightarrow \dfrac{1.2}{3}=\dfrac{3a}{3}$$

$$\Rightarrow 0.4=a$$

답 $y=0.4x$

---

1 선물 포장용 끈의 가격이 길이가 6 m일 때 3000원이라고 한다. 이 끈 x m의 가격을 y원이라고 할 때, x와 y의 관계식을 구하여라.

 풀·이·쓰·기

😀 Hint 대응표를 만들어 문제를 풀어요.

x(m)	6	3	2	1
y(시간)	3000			

2 어떤 일을 하는데 10대의 기계를 사용하면 6시간이 걸린다고 한다. x대의 기계를 사용하면 y시간이 걸린다고 할 때, 다음 물음에 답하여라.

(1) x와 y 사이의 관계식을 구하여라.
(2) 15대의 기계를 사용하면 몇 시간이 걸리는지 구하여라.

 풀·이·쓰·기

😀 Hint 대응표를 만들어 문제를 풀어요.

x(대)	10	5	2	1
y(시간)	6			

좌표로 그림 그리기

좌표평면에 나만의 캐릭터를 그려 보자!

규칙

① 연필로 좌표평면에 연하게 밑그림을 그린다.
② 좌표평면 위에 그린 그림의 선이 지나가는 부분에 점을 찍는다.
③ 점과 점을 선으로 이어 준다.
④ 해당하는 점의 좌표를 적어 준다.

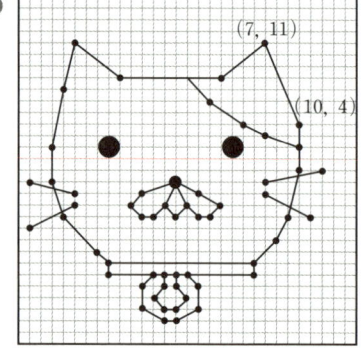

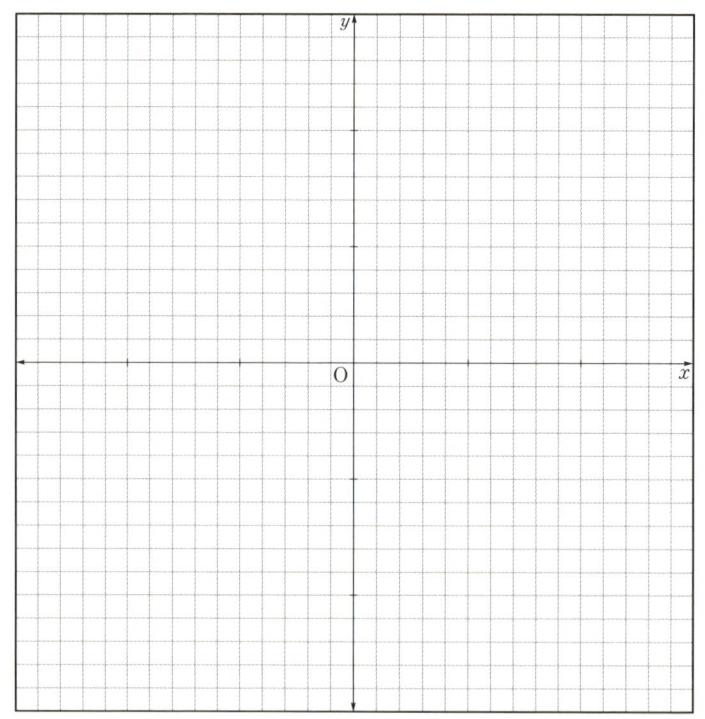

Ⅳ. 평면도형과 입체도형

#평행선 #각도 #동위각 #엇각

#다각형 #대각선 #내각의 합

#외각의 합 #정다각형 #원 #부채꼴

#중심각 #호 #현 #다면체 #정다면체

#회전체 #기둥 #뿔 #뿔대 #구

아래 그림과 같이 직선 l 위에
네 점 A, B, C, D가 있을 때,
다음 중 옳지 <u>않은</u> 것은?

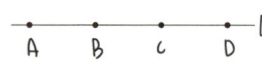

① $\overleftrightarrow{AB} = \overleftrightarrow{CD}$

② $\overrightarrow{AB} = \overrightarrow{AD}$

③ $\overline{BC} = \overline{CB}$

④ $\overrightarrow{CD} = \overrightarrow{DC}$

⑤ $\overrightarrow{CA} = \overrightarrow{CB}$

⚠ Tip

• 선을 나타낼 때, 직선, 반직선, 선분을 잘 구
분해야 해요.

✏ 풀·이·쓰·기

① $\overleftrightarrow{AB} = \overleftrightarrow{CD}$

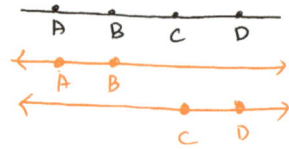

⇒ 어차피 양쪽으로 무한히~
    결과는 같다.

② $\overrightarrow{AB} = \overrightarrow{AD}$

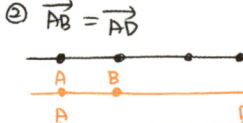

시작이 같고   방향이 같으므로

③ $\overline{BC} = \overline{CB}$ (선분은 순서 바꾸기만
                          가능!)

④ $\overrightarrow{CD} \neq \overrightarrow{DC}$ 시작도, 방향도 다름!

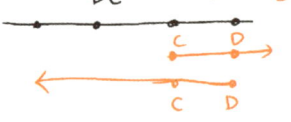

⑤ $\overrightarrow{CA} = \overrightarrow{CB}$ (시작과 방향이 같음)

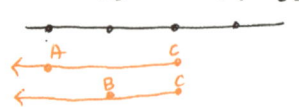

 답 ③

1 다음 그림에서 $\overrightarrow{BD}$와 같은 것은?

A　　B　　C　　D

① $\overrightarrow{AB}$　　② $\overrightarrow{AD}$　　③ $\overrightarrow{BC}$
④ $\overrightarrow{DB}$　　⑤ $\overrightarrow{BA}$

✎ 풀·이·쓰·기

IV

평면도형과 입체도형

2 다음 그림과 같이 한 직선 위에 네 점 A, B, C, D가 있다. |보기|에서 같은 것끼리 짝지어진 것을 모두 고른 것은?

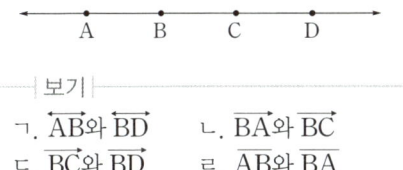

A　　B　　C　　D

|보기|
ㄱ. $\overrightarrow{AB}$와 $\overrightarrow{BD}$　　ㄴ. $\overrightarrow{BA}$와 $\overrightarrow{BC}$
ㄷ. $\overrightarrow{BC}$와 $\overrightarrow{BD}$　　ㄹ. $\overline{AB}$와 $\overline{BA}$

① ㄱ, ㄴ　　② ㄷ, ㄹ　　③ ㄱ, ㄴ, ㄹ
④ ㄱ, ㄷ, ㄹ　⑤ ㄱ, ㄴ, ㄷ, ㄹ

✎ 풀·이·쓰·기

🔍 알아두면 좋아요
반직선은 순서를 바꾸면 안 됩니다!

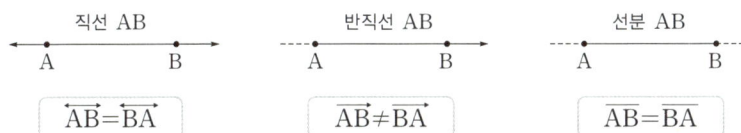

직선 AB　　　　반직선 AB　　　　선분 AB
A　　B　　　　A　　B　　　　A　　B
$\overleftrightarrow{AB}=\overleftrightarrow{BA}$　　$\overrightarrow{AB}\neq\overrightarrow{BA}$　　$\overline{AB}=\overline{BA}$

다음 그림에서

점 M은 $\overline{AC}$의 중점이고,

점 N은 $\overline{CB}$의 중점이다.

$\overline{MN} = 8\text{cm}$ 일때, $\overline{AB}$의 길이를

구하여라.

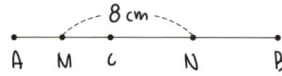

⚠ Tip

· 모르는 길이는 ♡나 ☆ 등의 간단한 기호로
표시하는 것도 좋아요.

✏ 풀·이·쓰·기

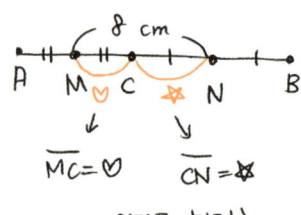

$\overline{MC} = ♡$ $\overline{CN} = ☆$

이라고 하자!

· $\overline{AM} = \overline{MC}$ 이므로 $\overline{AM} = ♡$
(M이 중점이니까)

· $\overline{CN} = \overline{NB}$이므로 $\overline{NB} = ☆$
(N이 중점이니까)

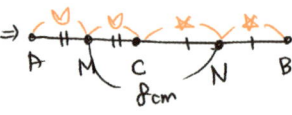

구하고자하는 $\overline{AB} = ♡ + ♡ + ☆ + ☆$

즉! $\overline{AB} = 2(♡ + ☆)$

$\underset{8\text{cm}}{\underbrace{\qquad}}$

따라서 $\overline{AB} = 2 \times 8 = \underline{16\text{cm}}$ 이다.

답 16 cm

지연쌤의 SNS

☑ 두 점을 잇는 많은 선 중에서 가장 짧은 선은 무엇인가요?

'거리'는 "학교까지 거리가 어떻게 돼?", "집으로 가는 최단거리
는 얼마지?" 등 일상에서 참 많이 쓰이는 용어에요.
그런데 특별한 조건이 없을 때 수학에서의 **'거리'**는 반드시 **최**
단거리를 뜻해요!
A에서 B까지의 거리는 A에서 B까지 가는 가장 짧은 거리만을 이야기하죠.
그래서 선분 AB의 길이는 AB 사이의 거리와 같은 말이에요.

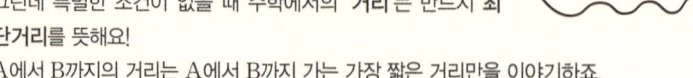

1 다음 그림에서 $\overline{AB}=16\,\text{cm}$이고, 두 점 M, N이 각각 $\overline{AB}$, $\overline{MB}$의 중점일 때, $\overline{MN}$의 길이는?

 풀·이·쓰·기

① 4 cm   ② 5 cm   ③ 6 cm
④ 7 cm   ⑤ 8 cm

2 다음 그림에서 점 M, N은 각각 $\overline{AC}$, $\overline{CB}$의 중점이고, $\overline{MN}=12\,\text{cm}$일 때, $\overline{AB}$의 길이는?

 풀·이·쓰·기

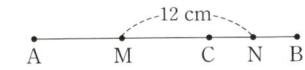

① 16 cm   ② 18 cm   ③ 20 cm
④ 22 cm   ⑤ 24 cm

🔍 **알아두면 좋아요**

중점이란 무엇일까?

선분 AB의 중점이라 하면, 선분 AB 위의 한 점 M에 대하여 $\overline{AM}=\overline{BM}$일 때, 점 M을 선분 AB의 중점이라고 해요.

즉, $\overline{AM}=\overline{BM}=\dfrac{1}{2}\overline{AB}$이죠.

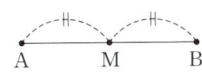

어려워 보이지만 그냥 '가운데 중(中)'을 써서 가운데 있는 점이 **중점**이에요.
선분을 딱 반으로 나누는 점이라서 '**이등분점**'이라고도 부르죠.

아래 그림에서

$\angle AOC = 2\angle COD$,

$\angle EOB = 2\angle DOE$ 일 때,

$\angle COE$의 크기를 구하여라.

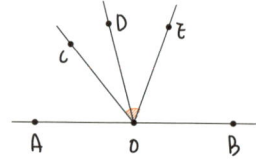

 풀·이·쓰·기

$$\angle AOC = 2\angle COD$$
$\qquad \underbrace{}_{2☆} \qquad \underbrace{}_{☆}$

$$\angle EOB = 2\angle DOE$$
$\qquad \underbrace{}_{2♡} \qquad \underbrace{}_{♡}$

⇓ 그림으로 나타내기

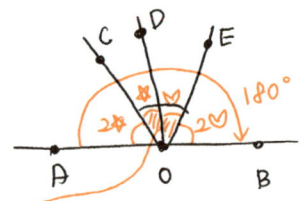

$2☆ + ☆ + ♡ + 2♡ = 180°$ 이므로

$3☆ + 3♡ = 180°$

$$\boxed{☆ + ♡ = 60°}$$

⇒ $\angle COD = ☆ + ♡$ 이므로

$\angle COD = 60°$ 이다

답 **60°**

지연쌤의 SNS

☑ 각도를 모르면 어떻게 해야 하나요?

모르는 각 중에서 작은 각을 ☆이나 ♡로 표시해 두면 다른 각도 기호로 표시할 수 있어요.
☆이나 ♡ 각각의 값을 구하지 못해도 다른 각들을 이용하면 ☆이나 ♡를 구할 수 있다는 것을 꼭
기억하세요.

1 다음 그림에서 $\angle x : \angle y : \angle z = 2 : 4 : 3$
일 때, $\angle x$의 크기를 구하여라.

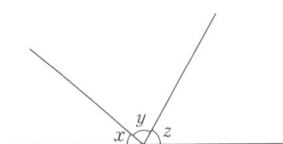

😊 **Hint** 2 : 4 : 3이라는 것은 전체 180°를 9조각 내어서 그중 2조각, 4조각, 3조각을 차지한다는 것을 말해요.

2 다음 그림에서 $\angle AOC = 3\angle COD$, $\angle BOE = 3\angle DOE$일 때, $\angle COE$의 크기를 구하여라.

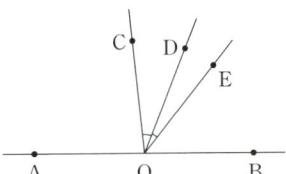

😊 **Hint** 지연쌤의 SNS에서 알려준 ☆이나 ♡를 이용해요.

🔍 **알아두면 좋아요**

비율이 나왔을 때의 대처 방법!

비율이 나왔을 때는 항상 전체의 합을 생각하는 습관을 기릅시다!
만약 A : B : C가 3 : 4 : 5라면? 3 : 4 : 5를 보자마자 3+4+5=12를 볼 수 있어야 해요.
즉, A는 전체의 $\dfrac{3}{12}$, B는 전체의 $\dfrac{4}{12}$, C는 전체의 $\dfrac{5}{12}$라고 읽을 수 있어야 합니다.

따라서 만약 전체가 180°이면

$A = 180° \times \dfrac{3}{12} = 45°$, $B = 180° \times \dfrac{4}{12} = 60°$, $C = 180° \times \dfrac{5}{12} = 75°$예요.

아래 그림과 같은 삼각기둥에 대한 이어지는 물음에 답하여라

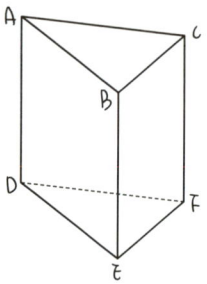

(1) 면 BEFC와 평행한 모서리

(2) 모서리AC와 꼬인위치인 모서리

(3) 면 DEF와 평행인 면

 풀·이·쓰·기

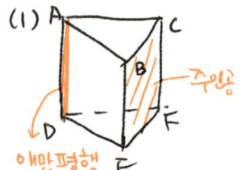

⇒ $\overline{AD}$ (또는 모서리 AD)

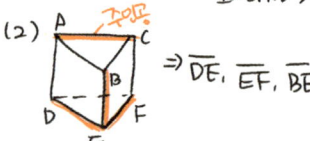

⇒ $\overline{DE}$, $\overline{EF}$, $\overline{BE}$

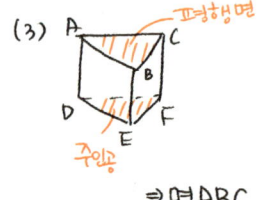

⇒ 면 ABC

답 (1) $\overline{AD}$, (2) $\overline{DE}$, $\overline{EF}$, $\overline{BE}$, (3) 면 ABC

지연쌤의 SNS

☑ 입체도형에서 직선들의 관계는 어떻게 알 수 있나요?

여기 직육면체에 네 개의 직선이 있어요. 이 직선들의 관계를 한번 살펴볼까요?
직선 l과 m은 서로 '평행'해요. 서로 평행인 선들은 $l \, / / \, m$ 이렇게 기호로도 표현한답니다.
그리고 선 l과 n은 서로 한 점에서 만나요.
마지막으로 선 m과 o는 서로 만나지도 않고 평행하지도 않죠?
이런 관계를 '꼬인 위치'라고 한답니다.

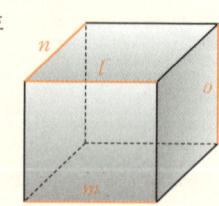

1 다음 그림과 같은 삼각기둥에서 면 ADEB와 한 직선에서 만나는 면을 a개, 면 ABC와 만나지 않는 면을 b개라고 할 때, $a+b$의 값을 구하여라.

🖉 풀·이·쓰·기

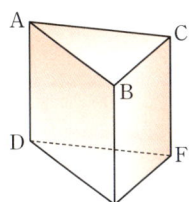

2 다음 그림의 직육면체에서 면 ABCD와 수직인 모서리의 개수를 a개, 모서리 BC와 수직인 면의 개수를 b개라고 할 때, $a+b$의 값을 구하여라.

🖉 풀·이·쓰·기

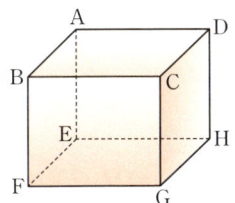

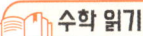

수학 읽기

위치 관계라는 것은!

위치 관계는 기본적으로 '만나는가?'와 '만나지 않는가?'로 구분한다고 생각하면 됩니다.
우리가 사람과 사람 사이의 관계를 이야기할 때, '친한가?', '친하지 않은가?'로 이야기하는 것처럼요.

두 직선이 **친한 경우**는 **만나는 경우**!	두 직선이 **친하지 않은 경우**는 **만나지 않는 경우**!
① 서로 한 점에서 만날 수 있다. 　(조금 친한 사이)	① 서로 평행하다. 　(별로 친하지는 않지만 계속 같은 길을 가는 사이)
② 서로 똑같이 일치한다. 　(완전 절친인 사이)	② 서로 꼬인 위치에 있다. 　(완전 친하지 않음, 각자 갈 길을 가는 사이)

아래 그림은 직육면체를 세 꼭짓점 B, C, F를 지나는 평면으로 자르고 남은 입체도형이다. 이때, 모서리 AB와 꼬인 위치에 있는 모서리를 a개, 평행한 모서리를 b개라 하자. a+b의 값을 구하여라.

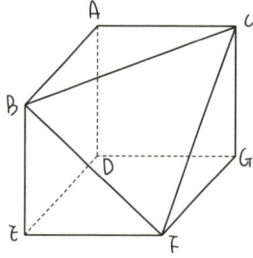

✏️ 풀·이·쓰·기

① 모서리 AB와 꼬인위치에 있는 모서리

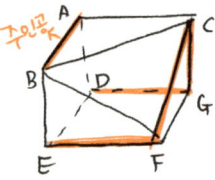

⇒ $\overline{EF}$, $\overline{FC}$, $\overline{CG}$, $\overline{DG}$ 4개

⇒ a=4

② 모서리 AB와 평행인 모서리

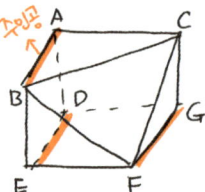

⇒ $\overline{ED}$, $\overline{FG}$ 2개

⇒ b=2

따라서, a+b=3 이다.

답 3

1 다음 그림은 직육면체를 세 꼭짓점 B, C, F를 지나는 평면으로 잘라내고 남은 입체도형이다. 이때, 모서리 BC와 꼬인 위치에 있는 모서리는 몇 개인지 구하여라.

풀·이·쓰·기

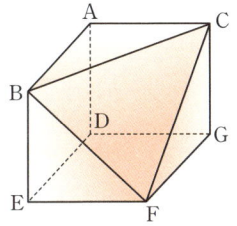

2 다음 그림은 정육면체에서 꼭짓점 한 개의 부분을 자른 것이다. 색칠한 부분과 평행한 모서리는 모두 몇 개인지 구하여라.

풀·이·쓰·기

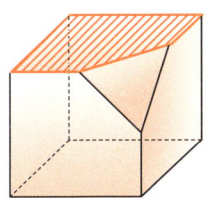

Hint 색칠한 부분과 평행인 면을 먼저 찾아요.

🔍 **알아두면 좋아요**

평면과 직선의 관계를 알아보자!

여기 세 개의 평면과 세 개의 직선이 있어요. 각각의 관계를 알아볼까요?

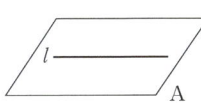

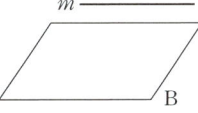

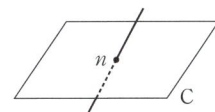

평면 A와 직선 l은 서로 일치해요. 이런 관계를 '직선이 평면에 포함된다'라고 하죠.

평면 B와 직선 m은 서로 평행해요. 이 둘은 절~대로 서로 만날 수 없는 관계에요.

평면 C와 직선 n은 한 점에서 만나는 관계에요.

직선과 평면 사이에서는 꼬인 위치 관계가 나올 수 없다는 것을 알아두세요.

IV
평면도형과 입체도형

아래 그림에서 $l /\!/ m$일 때, $\angle x$, $\angle y$의 크기는?

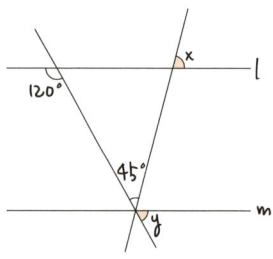

• 여러 직선이 지나갈 때는 풀이에 필요한 그림만 따로 그려서 생각하면 복잡하지 않아요.

✎ 풀·이·쓰·기

① $\angle y$를 구하기 위해서는

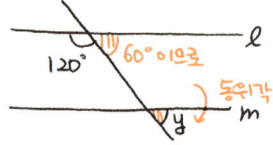

$120°$ $60°$이므로 동위각

이 그림이면 충분하다!

$\Rightarrow \angle y = 60°$

②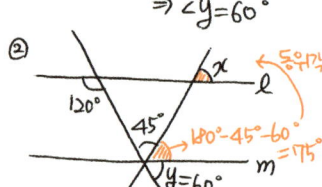

$120°$ $45°$ 동위각 x l

$180° - 45° - 60°$ $m = 75°$

$y = 60°$

$\Rightarrow \angle x = 75°$

📋 **답** $x = 75°$, $y = 60°$

☑ **동위각? 엇각? 어떻게 구별하나요?**

서로 다른 두 직선 l, m이 다른 한 직선 n과 만날 때 8개의 교각이 생겨요.
이 8개의 각도에 대하여 동위각과 엇각을 알아보아요.

① 동위각: 교각 중에서 같은 위치에 있는 두 각으로
$\angle a$와 $\angle e$, $\angle b$와 $\angle f$, $\angle c$와 $\angle g$, $\angle d$와 $\angle h$를 말해요.

② 엇각: 교각 중에서 서로 엇갈린 위치에 있는 두 각으로
$\angle b$와 $\angle h$, $\angle c$와 $\angle e$를 말해요.
엇각은 안쪽에 있는 각도를 대상으로만 생각한다는 것을 기억하세요!

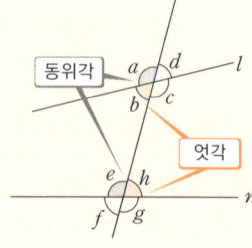

1 다음 그림에서 $l /\!/ m$일 때, $\angle a$, $\angle b$의 크기를 각각 구하시오.

풀·이·쓰·기

(1)

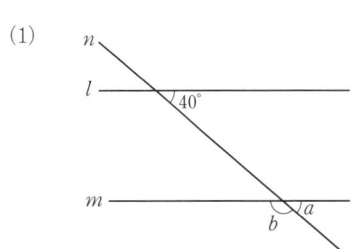

(2)

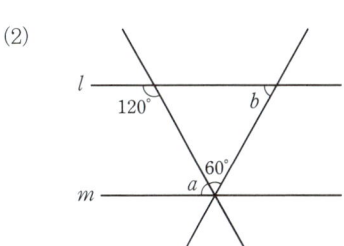

🔍 **알아두면 좋아요**

평행선에서는 아~주 깊은 의미가 있는 동위각과 엇각!

이제부터 여러분은 수학에서 **평행선**과 **각도**가 보인다? 그러면 바로 **동위각**과 **엇각**을 연관 단어로 생각하세요. 다음 그림과 같이 두 직선 l, m이 다른 한 직선 n과 만날 때, 두 직선 l, m이 평행하면 동위각과 엇각의 크기는 서로 같아요.

즉, $l /\!/ m$이면, $\angle a = \angle b$이고, $\angle a = \angle c$이죠. 이것을 이용하면 정말 많은 문제들을 해결할 수 있답니다!

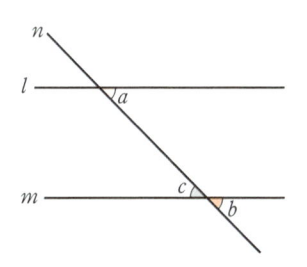

IV. 평면도형과 입체도형 ● **189**

IV

평면도형과 입체도형

아래 그림에서 $l /\!/ m$ 일 때,
$\angle x$의 크기를 구하여라.

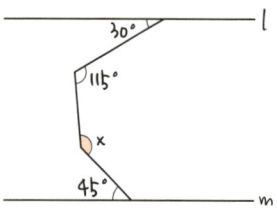

 풀·이·쓰·기

꺾인 점에 <u>보조선</u>을 긋자!

직선 l, m에 평행한 보조선!

(왜?) 그래야 동위각, 엇각의
크기가 같음을 이용할 수 있지 ^^

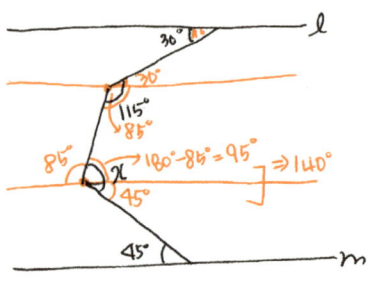

같은방법으로 엇각을 이용하다보면
$\angle x = 95° + 45°$ 임을 알수 있다.
따라서, $\angle x = 140°$ 이다.

답 $140°$

☑ 평행한 보조선을 그리는 방법 말고 다른 풀이도 있나요?

평행한 보조선을 그려 푸는 방법이 가장 편하고 좋지만, 수학이란 과목은 하나의 풀이만 있는 과목이 아니에요. 그림과 같이 삼각형을 만들어 해결할 수도 있죠!

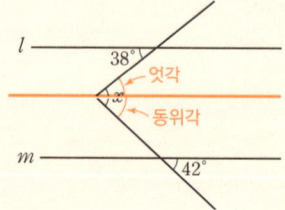

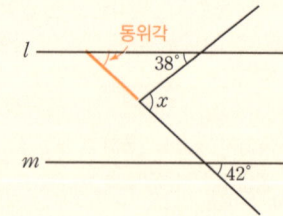

1 다음 그림에서 $l /\!/ m$일 때, ∠x의 크기를 구하여라.

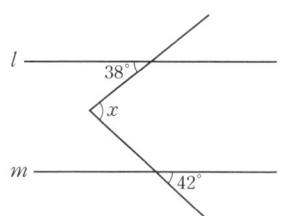

풀·이·쓰·기

IV

평면도형과 입체도형

2 다음 그림에서 $l /\!/ m$일 때, ∠x의 크기로 옳은 것은?

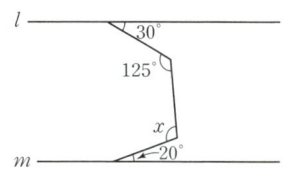

풀·이·쓰·기

① 105°   ② 110°   ③ 115°

④ 120°   ⑤ 125°

🔍 **알아두면 좋아요**

평행선의 성질 활용하기

① ∠x=∠a+∠b

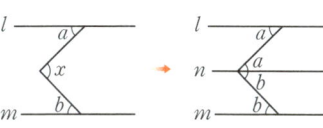

② ∠a+∠b+∠c=180°

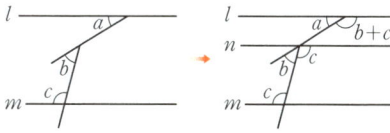

다음 그림과 같이 직사각형 모양의
종이를 접었을 때, ∠x와 ∠y의
~~평행!~~ → 엇각을 이용하자
크기를 각각 구하여라.

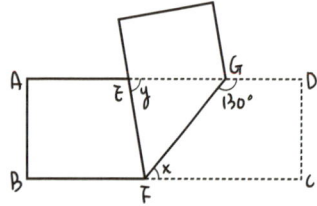

⚠ Tip

• 종이테이프 문제 팁!

① 엇각의 크기가 같음을 이용해요.

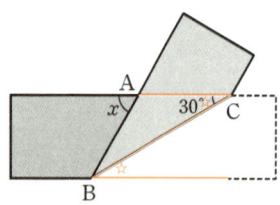

② 접힌 부분의 각이 같음을 이용해요.

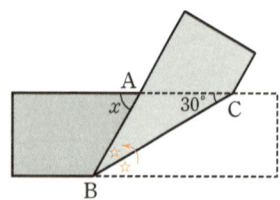

✏ 풀·이·쓰·기

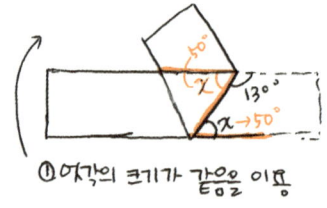

① 엇각의 크기가 같음을 이용

$$\angle x + 130° = 180°$$

$$\angle x = 50°$$

② 접힌 부분의 크기가 같음을 이용

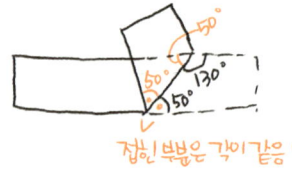

접힌 부분은 각이 같음!

③ 삼각형 부분만 크게 보면

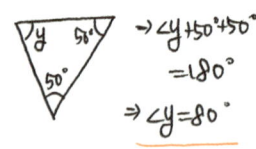

→ ∠y + 50° + 50°
  = 180°
⇒ ∠y = 80°

📋 답 $x = 50°$, $y = 80°$

1 다음 그림은 직사각형 모양의 종이를 접은 것이다. ∠ACB=30°일 때, ∠x의 크기를 구하여라.

풀·이·쓰·기

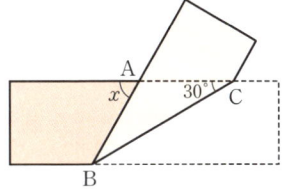

2 다음 그림은 직사각형 모양의 종이를 점 A가 점 C에 오도록 접은 것이다. ∠EOF =40°일 때, ∠x의 크기를 구하여라.

풀·이·쓰·기

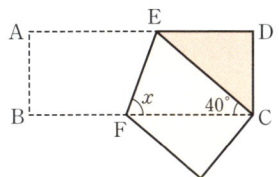

Hint 접힌 부분은 엇각이 같다는 점을 이용해요.

다음 그림은 ∠XOY와 크기가 같고
$\overrightarrow{PQ}$를 한 변으로하는 각을 작도한
것이다. 다음 중 옳지 않은 것은?

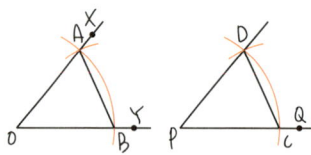

① $\overline{OA} = \overline{PD}$

② $\overline{OB} = \overline{PC}$

③ $\overline{AB} = \overline{DC}$

④ $\overline{AB} = \overline{OA}$

⑤ ∠AOB = ∠DPC

✏️ 풀·이·쓰·기

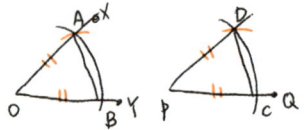

일단 이렇게 네선분은 길이가같다.

$\overline{OA} = \overline{OB} = \overline{PD} = \overline{PC}$

따라서, ①, ②는 옳은 설명.

또한, 각의 크기가 같게하기위해

$\overline{AB}$의 길이를 재서 $\overline{CD}$를 만들었으므로

$\overline{AB} = \overline{CD}$ 이다. ③도 옳다!

마지막으로 각의크기가 같게

작도한것이니 당연히

∠AOB = ∠DPC 이다.

⑤도 옳다!

옳지 않은 거은 ④번!

답 ④

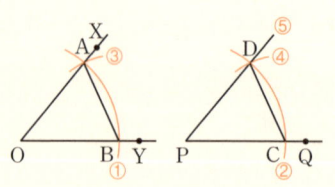

1 다음 그림은 ∠XOY와 크기가 같은 ∠DPC를 작도한 것이다. 옳은 것에는 ○, 옳지 않은 것에는 ×표시를 하여라.

풀·이·쓰·기

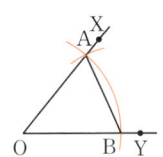
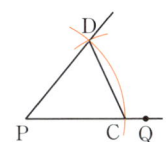

(1) $\overline{OA}=\overline{OB}$ (　)

(2) $\overline{PC}=\overline{PD}$ (　)

(3) $\overline{AB}=\overline{DC}$ (　)

(4) $\overline{OY}=\overline{PQ}$ (　)

2 다음 그림은 ∠AOB와 크기가 같은 ∠XO′Y를 반직선 O′X를 한 변으로 하여 작도한 것이다. 작도 순서를 나열하여라.

풀·이·쓰·기

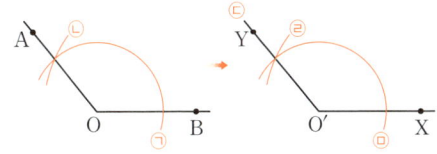

💬 **Hint** 예각이든 둔각이든 작도를 하는 순서는 항상 같아요!

🔍 **알아두면 좋아요**

작도란?

① 작도: 눈금 없는 자와 컴퍼스만을 사용하여 도형을 그리는 것을 말해요.

② 눈금 없는 자: 두 점을 잇는 선분을 그리거나 선분의 연장선을 그릴 때 사용해요.

③ 컴퍼스: 원을 그리거나 선분의 길이를 재어 옮길 때 사용해요.

여기서 눈금이 없는 자는 그냥 평평한 작대기와 같아요.

눈금이 없기 때문에 길이를 잴 수 없어서 컴퍼스로 길이를 재는 것이죠.

다음 <보기> 중 삼각형의
세 변의 길이가 될수 없는 것을
모두 고르면?

─────── <보기> ───────

㉠ 4cm, ⑦cm, 2cm

㉡ ⑩cm, 5cm, 6cm

㉢ 3cm, ⑧cm, 5cm

㉣ ⑫cm, 6cm, 8cm

 풀·이·쓰·기

가장긴~변 이 아무리 길어도
다른 두 변의 합 보다 짧아야!

→ 일단 가장긴변을 모두체크!

㉠̶ 7cm > 4cm+2cm
    └ 너무길어ㅠ.ㅠ No!

㉡ 10cm < 5cm+6cm   OK!

㉢̶ 8cm = 3cm+5cm   No!
         ↑
        같아도 안됨

㉣ 12cm < 6cm+8cm   OK!

답 ㉠, ㉢

지연 쌤 의 SNS

☑ 세 변의 길이만 주어지면 삼각형을 만들 수 있나요?

만약 세 변의 길이가 10 cm, 2 cm, 1 cm 이렇게 주어지면 삼각형을 만들 수 있을까요?
한번 만들어 볼까요?

2 cm   1 cm

─────10 cm─────   →   삼각형을 만들 수
                          없어요.

이렇게 한 변의 길이가 너~무 길면 삼각형을 만들 수 없을 때도 있어요.
그래서 우리는 (가장 긴 변의 길이)<(다른 두 변의 합)을 꼭 기억해야 해요!

1 다음 중 삼각형의 세 변의 길이가 될 수 없는 것은?

① 2 cm, 3 cm, 4 cm

② 3 cm, 3 cm, 3 cm

③ 4 cm, 4 cm, 5 cm

④ 6 cm, 7 cm, 8 cm

⑤ 5 cm, 6 cm, 12 cm

 풀·이·쓰·기

Hint 제일 먼저 가장 긴 변을 찾아요.

2 삼각형의 세 변의 길이가 4 cm, x cm, 11 cm일 때, x의 값이 될 수 있는 자연수의 개수를 구하여라.

 풀·이·쓰·기

Hint x가 가장 긴 변일 때와 그렇지 않을 때의 범위를 찾아요.

🔍 **알아두면 좋아요**

세 변의 길이 중에서 한 변의 길이를 모르는 경우

삼각형을 이루는 세 변의 길이가 4 cm, x cm, 11 cm라고 주어져 있으면, 두 가지 경우로 나누어 생각할 수 있어요.
① 11 cm가 가장 긴 변이면, $4+x>11$이고,
② x cm가 가장 긴 변이면, $x<4+11$이에요.

아래 그림에서 ∠C=∠F, $\overline{BC}=\overline{EF}$ 일 때, △ABC≡△DEF가 되기 위하여 더 필요한 조건으로 옳은 것을 〈보기〉에서 모두 고르시오.

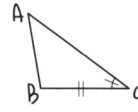
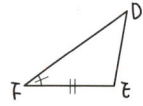

―――――〈보기〉―――――
㉠ $\overline{AC} = \overline{DF}$
㉡ $\overline{AB} = \overline{DE}$
㉢ ∠B = ∠E
㉣ ∠A = ∠E
―――――――――――――

✏ 풀·이·쓰·기

㉠ $\overline{AC} = \overline{DF}$ 이면

⇒ SAS합동가능

㉡ $\overline{AB} = \overline{DE}$ 이면

⇒ 끼인각이 같은게 아니라서 합동조건성립X

㉢ ∠B = ∠E

⇒ ASA합동조건 성립

㉣ ∠A = ∠E

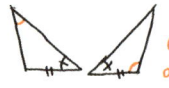

엥??
여건 많이안됨

답 ㉠, ㉢

지연 쌤의 SNS

☑ 삼각형이 서로 합동하려면 어떤 조건이 같아야 하나요?

① SSS 합동: 대응하는 세 변의 길이
   가 각각 같을 때

② SAS 합동: 대응하는 두 변의 길
   이가 각각 같고, 그 끼인각의 크기
   가 같을 때

③ ASA 합동: 대응하는 한 변
   의 길이가 각각 같고, 그 양 끝 각의
   크기가 각각 같을 때

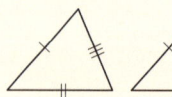
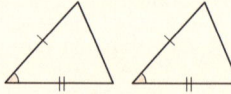
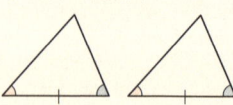

특히 SAS 합동에 대한 문제가 많이 나와요! 반드시 두 변 사이에 끼인각이어야 한다는 사실을 기억하세요!

1 다음 그림의 삼각형과 합동
인 것은?

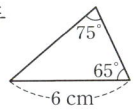

 풀·이·쓰·기

①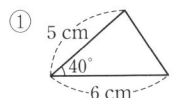

②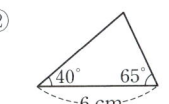

③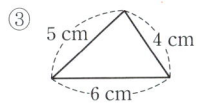

④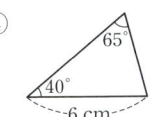

⑤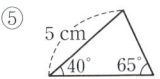

2 다음 그림에서 $\overline{AB}=\overline{DE}$, $\overline{AC}=\overline{DF}$일
때, $\triangle ABC \equiv \triangle DEF$가
되기 위해 더 필요한
조건과 이때의 합동
조건으로 옳은 것을
모두 고르면?

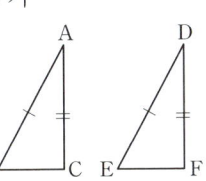

 풀·이·쓰·기

① $\angle B=\angle E$, SAS 합동
② $\angle C=\angle F$, SAS 합동
③ $\angle A=\angle D$, SAS 합동
④ $\angle B=\angle D$, ASA 합동
⑤ $\overline{BC}=\overline{EF}$, SSS 합동

🔍 **알아두면 좋아요**

삼각형의 합동기호

↗ 넓이가 같을 때   ↗ 합동일 때

두 삼각형 ABC와 DEF가 서로 합동이라면 어떻게 표현해야 할까요?
$\triangle ABC = \triangle DEF$? 비슷하지만, 등호(=)가 아니라 합동기호(≡)를 사용해요.
$\triangle ABC \equiv \triangle DEF$ 이렇게요. 그리고 반드시 대응점의 순서를 꼭 맞춰 줘야 하는 것을 기억해요!

아래 그림에서 $\overline{AD} = \overline{CB}$ 이고,
$\overline{AD} /\!/ \overline{CD}$ 일때, → 평행조건?
$\triangle ABC \equiv \triangle CDA$ 임을 동위각,
설명하여라. 엇각을 이용하자.

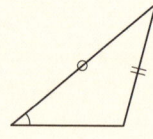

⚠ Tip

• 문제에서 평행 조건이 나오면 동위각, 엇각을 이용해야 한다는 힌트를 주는 것과도 같아요.

✏ 풀·이·쓰·기

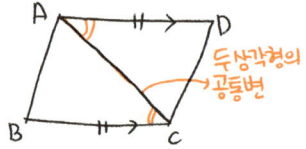

두 삼각형의
공통변

① $\overline{AD} = \overline{CB}$ (문제에서 주어짐)

② $\angle DAC = \angle BCA$ (엇각)
   ↓
   평행선에서는 엇각의 크기가 같으니까

③ $\overline{AC}$ 는 공통

답 대응하는 두 변의 길이와 끼인각의 크기가 같으므로 $\triangle ABC \equiv \triangle CDA$ 이다.
(SAS 합동)

지연쌤의 SNS

☑ 왜 꼭 끼인각, 양 끝 각이어야 하나요?

① 만약, 두 변의 길이와 끼인각이 아닌 다른 각을 줬다면, 그림과 같이 서로 다른 모양의 삼각형이 나올 수 있어요.

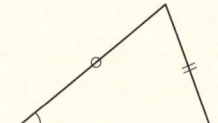

② 만약, 한 변의 길이와 양 끝 각이 아닌 다른 두 각의 크기가 주어졌다면, 그림과 같이 서로 다른 모양의 삼각형이 나올 수 있어요.

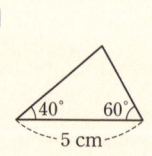
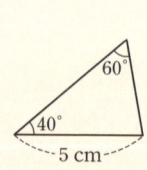
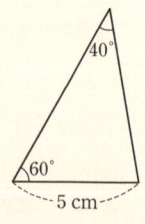

1 다음 그림에서 $\overline{AB}=\overline{DC}$, $\overline{AD}=\overline{BC}$일 때, △ABC≡△CDA임을 설명한 것이 다. |보기|에서 ㄱ~ㄹ에 알맞은 것을 채 워라.

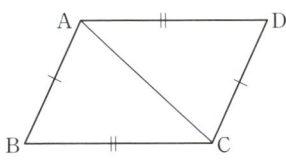

📝 풀·이·쓰·기

| 보기 |

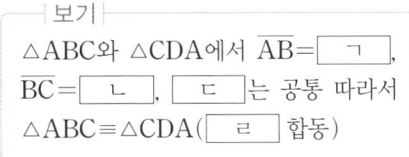

△ABC와 △CDA에서 $\overline{AB}=$ [ㄱ], $\overline{BC}=$ [ㄴ], [ㄷ] 는 공통 따라서 △ABC≡△CDA([ㄹ] 합동)

2 다음 그림과 같이 $\overline{AB}/\!/\overline{DC}$, $\overline{AB}=\overline{DC}$ 일 때, △OAB≡△ODC임을 설명하여 라.

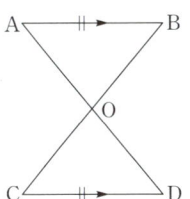

📝 풀·이·쓰·기

🔍 **알아두면 좋아요**

삼각형의 합동 조건에서 S와 A는 무엇을 의미할까?

삼각형의 합동 조건에는 SSS 합동(세 변), SAS 합동(두 변과 끼인각), ASA 합동(한 변과 양 끝 각)이 있어요.
여기서 S는 변(Side)를 의미하고, A는 각(Angle)을 의미해요.

Ⅳ

평면도형과 입체도형

한 꼭짓점에서 그을 수 있는 대각선의 개수가 17개인 다각형의 대각선의 총 개수는 몇 개인지 구하여라.

풀·이·쓰·기

n각형의 한 꼭짓점에서 그을 수 있는 대각선의 개수는

$(n-3)$개 이므로 ← 자기자신 & 이웃두점

$n-3=17 \Rightarrow \boxed{n=20}$

따라서, 이 다각형은 <u>이십각형</u>

★ 이십각형의 대각선의 총 개수는

$$\frac{n(n-3)}{2} = \frac{20 \times (20-3)}{2}$$

$$= \frac{20 \times 17}{2} = 170 \text{ 개 이다.}$$

답 170개

지연쌤의 SNS

☑ 대각선이 뭔가요?

보통 대각선이 뭐냐고 물어보면 "비스듬한 거요~", "가로지르는 거요~", "요렇게 지나는 거요~"라고 확실하게 답을 못하는 학생들이 있답니다. 대각선의 정확한 뜻을 알아볼까요?

대각선은 다각형에서 이웃하지 않은 두 꼭짓점을 이은 선분을 말해요.

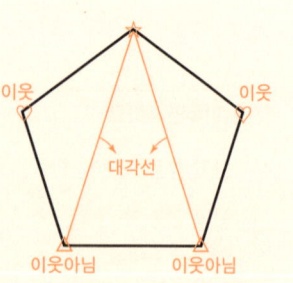

1 한 꼭짓점에서 그을 수 있는 대각선의 개수가 12개인 다각형의 대각선의 총 개수는 몇 개인지 구하여라.

풀·이·쓰·기

2 다음 중 대각선의 총 개수가 20개인 다각형으로 옳은 것은?

① 육각형   ② 칠각형   ③ 팔각형
④ 구각형   ⑤ 십각형

풀·이·쓰·기

🔍 **알아두면 좋아요**

대각선 공식

① n각형의 한 꼭짓점에서 그을 수 있는 대각선의 개수는 $(n-3)$개

② 총 대각선의 개수는 $\dfrac{n(n-3)}{2}$개

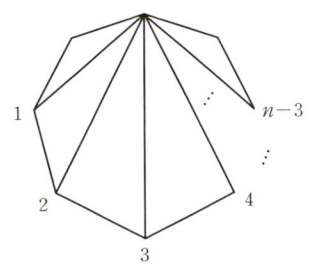

아래 그림과 같은 원탁에 13명이 앉아있다. 서로 모든 사람과 한번씩 악수를 한다고 할때, 악수는 총 몇 번 이루어질까?

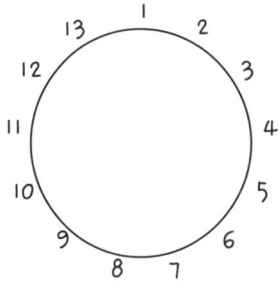

 풀·이·쓰·기

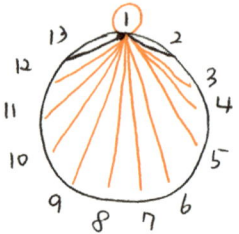

1번학생은 위 그림과 같이 한 번씩 악수를 하게 된다.

결국 모두 악수하는 횟수는

십삼각형의

대각선의개수 + 변의개수

이웃하지 않은 사람끼리 악수   이웃하는 사람 끼리 악수

$$\Rightarrow \frac{13 \times (13-3)}{2}개 + 13개$$

$$= \frac{13 \times \overset{5}{10}}{2} + 13 = 65 + 13$$

$$= \boxed{78}$$

따라서, 총 78번 악수하게 된다.

답 78번

☑ 왜 한 꼭짓점에서의 대각선 개수는 $(n-3)$개일까?

n각형에서는 n개의 점이 있어요. 이 도형에서 한 꼭짓점을 정하고 대각선을 그려 보면, 자기 자신에게는 당연히 대각선을 그리지 못하고, 이웃하는 양옆의 점에도 못 그린답니다.

즉, 나 자신과 양옆의 점 3개를 빼야 하는 것이지요. 그래서 $(n-3)$개입니다.

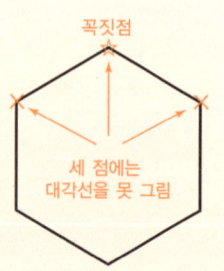

꼭짓점

세 점에는 대각선을 못 그림

1 다음 그림과 같이 원탁에 6명이 앉아 있다. 양쪽 옆에 앉아 있는 사람을 제외한 모든 사람과 한 번씩 악수한다고 할 때, 악수는 모두 몇 번 하는지 구하여라.

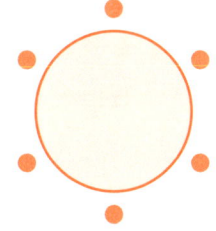

✏️ 풀·이·쓰·기

2 다음 그림과 같이 원탁에 10명이 앉아 있다. 양쪽 옆에 앉아 있는 사람을 제외한 모든 사람과 서로 한 번씩 악수한다고 할 때, 악수는 모두 몇 번 하는지 구하여라.

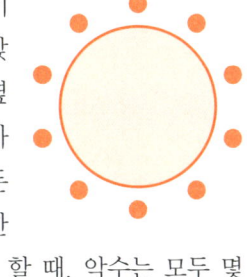

✏️ 풀·이·쓰·기

💬 **Hint** 몇 각형의 대각선의 개수를 구해야 할까요?

🔍 **알아두면 좋아요**

대각선의 총 개수가 $\dfrac{n(n-3)}{2}$ 개인 이유

n각형에서 한 꼭짓점마다 $(n-3)$개의 대각선을 그을 수 있어요. n각형은 총 n개의 꼭짓점이 있고 각 꼭짓점에서 $(n-3)$개씩 대각선을 그으면 $n(n-3)$개가 그어지겠죠?
그 이유는 그림과 같이 A에서 B로 그린 선과 B에서 A로 그은 선이 중복되기 때문이에요. 그래서 2로 나누어 주어야 정확한 개수가 나온답니다.

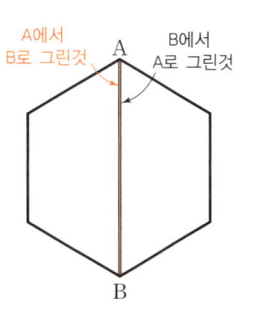

A에서 B로 그린것

B에서 A로 그린것

IV

평면도형과 입체도형

아래 그림에서 $\angle x$, $\angle y$의 크기를 각각 구하시오.

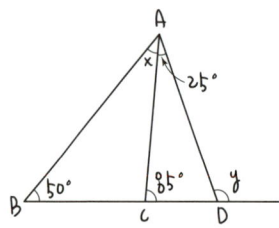

① Tip

• 필요한 삼각형만 뽑아서 생각하면 쉽게 풀 수 있어요.

✏️ **풀·이·쓰·기**

① 먼저 $\angle y$를 구해보자!

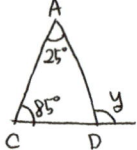

$$\Rightarrow \angle y = 25° + 85° = 110°$$

② 이제 $\angle x$를 구하면

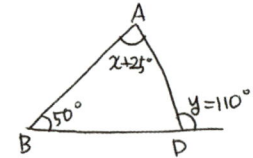

$$\Rightarrow \underline{\angle x + 25°} + \underline{50°} = 110°$$

$$\angle x + 75° = 110°$$

$$\angle x = 110° - 75°$$

$$\angle x = 35°$$

📋 **답** $\angle x = 35°$, $\angle y = 110°$

📌

지연쌤의 SNS

☑ **삼각형의 외각을 더 쉽게 구할 수 있나요?**

삼각형에서 한 외각의 크기는 그와 이웃하지 않는 두 내각의 크기의 합과 같아요.

$\angle ACD$를 $\angle x$라고 했을 때, $\angle x = \angle a + \angle b$가 되는 거죠. 그렇다면 $\angle ABE$는 삼각형의 어떤 각들의 합과 같을까요?

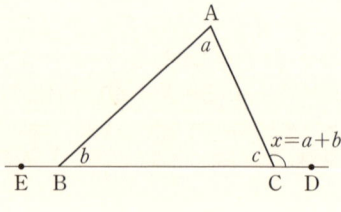

1 다음 그림의 삼각형 ABC에서 ∠x, ∠y
의 크기를 각각 구하여라.

✏️ 풀·이·쓰·기

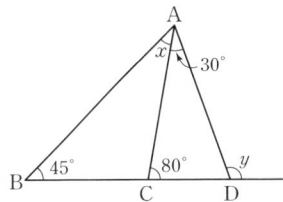

2 다음 그림의
삼각형 ABC
에서 ∠BAD
＝∠CAD일
때, ∠x의 크기
를 구하여라.

✏️ 풀·이·쓰·기

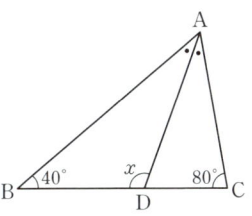

💬 **Hint** 두 각의 크기가 같다는 것은 반으로 나눌
수 있다는 것과 같아요.

📖 **수학 읽기**

여러분은 지연쌤의 SNS에 나온 공식을 이제 알
게 되었지만, 선생님은 이 공식을 배울 때 학교
에서 졸았나 봐요...
선생님은 중학교 3학년이 될 때까지 이 공식을
몰랐답니다. 그래서 이런 문제가 나오면 이 방법
으로 문제를 풀었어요.
선생님의 풀이는 틀렸을까요? 그렇지 않아요. 선생님의 풀이도 답은 맞았답니다. 하지만 지
연쌤의 SNS에 나오는 공식을 알았다면 더 쉽게 풀 수 있었겠죠?

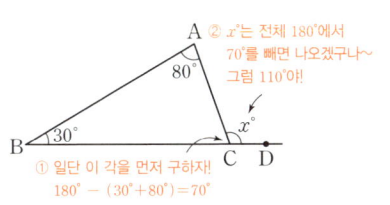

아래 삼각형 ABC 에서
∠𝑥의 크기를 구하여라.

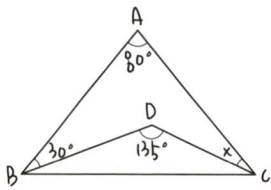

✏️ 풀·이·쓰·기

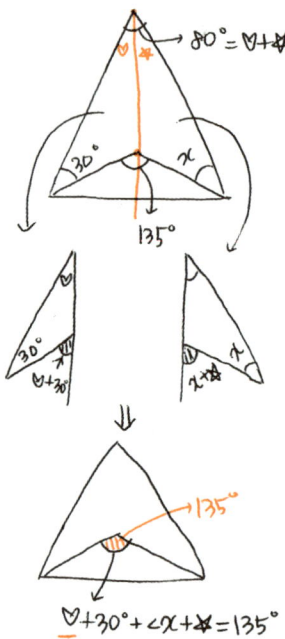

♡+30°+∠𝑥+☆=135°

80°이므로

30°+∠𝑥+80° =135°

∠𝑥+110° =135°

∠𝑥= 25°

🔖 답 25°

⚠️ **Tip**

• 보조선을 그리면 쉽게 풀 수 있어요.

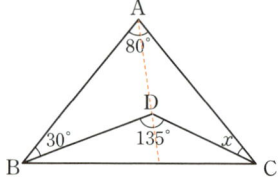

지연 쌤의 SNS

☑ 이런 유형의 문제를 더 쉽게 푸는 방법이 있을까요?

간단한 공식 하나를 알려드릴게요.
다음 그림과 같은 유형의 문제가 나왔을 때, ∠𝑑는 ∠𝑎, ∠𝑏, ∠𝑐의 합과
같아요. 즉, ∠𝑑 = ∠𝑎 + ∠𝑏 + ∠𝑐예요.
단, 보조선을 그어 순서대로 푸는 방법도 반드시 알고 있어야 해요!

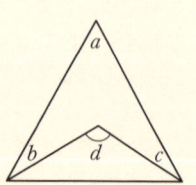

1 다음 그림에서 ∠x의 크기로 옳은 것은?

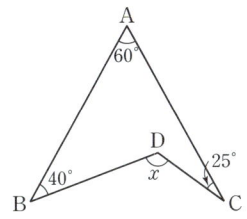

✏️ 풀·이·쓰·기

① 115°   ② 120°   ③ 125°
④ 130°   ⑤ 135°

💬 **Hint** 보조선을 그려서 풀어요.

2 다음 그림의 △ABC에서 ∠x의 크기를 구하여라.

 ✏️ 풀·이·쓰·기

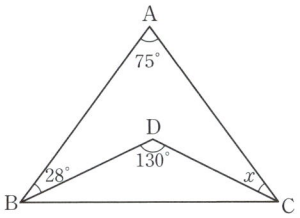

💬 **Hint** 지연쌤의 SNS에서 알려준 공식을 이용해서 풀어요.

아래 그림에서

$$\overline{AB} = \overline{AC} = \overline{CD} \text{ 이고,}$$

$$\angle B = 25° \text{ 일 때, } \angle x \text{의 크기는?}$$

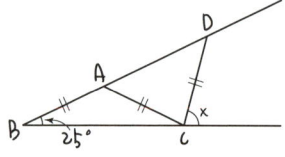

 풀·이·쓰·기

이등변 삼각형은 두 밑각의

크기가 같으므로

①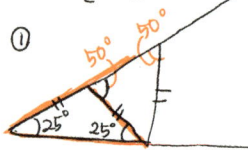

왜?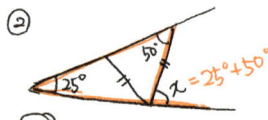

②

왜?

따라서,

$$\angle x = 25° + 50° = 75° \text{ 이다.}$$

 75°

☑ 이등변삼각형 문제가 나오면 어떤 점을 신경써야 할까요?

① 이등변삼각형은 두 변의 길이가 같아요. 그래서 두 밑각의 크기도 같을 수밖에 없어요. 즉, 이등변삼각형은 세 각 중에서 하나만 알아도 전체의 각을 알 수 있어요.

② 유형 91에서 배운 공식을 기억하시나요? 삼각형의 한 외각의 크기는 두 내각의 크기의 합과 같다는 것도 이등변삼각형 문제에서 많이 활용된답니다.

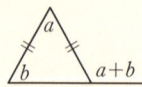

1 다음 그림에서 $\overline{AB}=\overline{AC}=\overline{CD}$이고, $\angle B=32°$일 때, $\angle x$의 크기를 구하여라.

✏ 풀·이·쓰·기

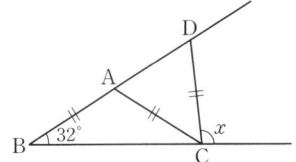

2 다음 그림에서 $\overline{AB}=\overline{AC}=\overline{CD}$이고, $\angle DCE=120°$일 때, $\angle x$의 크기를 구하여라.

✏ 풀·이·쓰·기

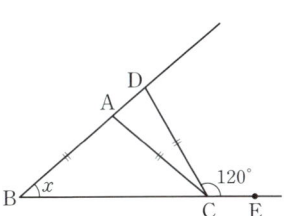

💬 Hint 삼각형 ABC에서 두 밑각의 크기는 같으므로 $\angle ACB$는 $\angle x$와 같아요.

🔍 **알아두면 좋아요**

이등변삼각형 문제에서 사용할 수 있는 공식

'이등변삼각형의 두 밑각의 크기는 같다'는 성질과 '삼각형의 외각의 크기는 두 내각의 크기의 합과 같다'는 성질을 이용하여 $\angle x$의 크기를 구하는 공식은 다음과 같아요.
△DBC에서 $\angle x=\angle a+2\angle a=3\angle a$
단, 이 공식도 원리를 정확히 알고 사용해야겠죠?

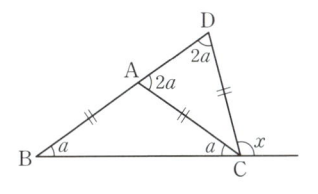

094 다각형의 내각의 합 & 외각의 합

아래 그림에서 ∠x의 크기는?

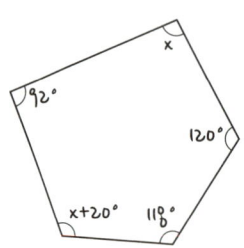

Tip

- n각형의 내각의 합
  $180° \times (n-2)$
- n각형의 외각의 합
  항상 $360°$

 풀·이·쓰·기

① 주어진 다각형은 오각형이므로
오각형의 내각의 합 ($n=5$)

⇒ $180° \times (5-2) = 180° \times 3$
$\qquad\qquad\qquad\qquad = 540°$

② 식을 만들어 보자.

$x + 120° + 118° + x + 20° + 92° = 540°$

계산하면

$2x + 350° = 540°$

$2x = 190°$

∠$x = 95°$

답 $95°$

지연쌤의 SNS

☑ 다각형의 내각의 합은 왜 $180° \times (n-2)$인가요?

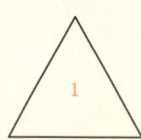
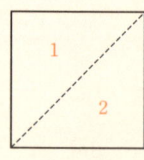
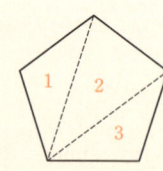
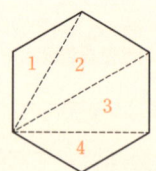

다음 도형의 규칙을 찾으셨나요? 맞아요! 삼각형에서 사각형, 사각형에서 오각형, 이렇게 각이 늘어날수록 도형 속 삼각형의 개수도 늘어나죠.
즉, 내각의 합은 '도형 속에 삼각형($180°$)이 얼마나 있냐'를 구하는 것과 같아요.
삼각형일 때 $180°$가 1개이니까 n각형일 때는 $180°$가 $(n-2)$개 있겠죠?
그래서 **다각형의 내각의 합**을 구하는 공식은 $180° \times (n-2)$랍니다.

1 다음 그림에서 ∠a의 크기를 구하여라.

 **풀·이·쓰·기**

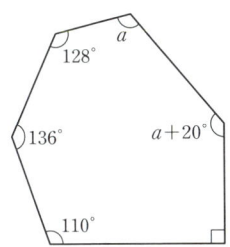

$128°$
a
$136°$
$a+20°$
$110°$

💬 **Hint** 내각의 합을 구하는 공식을 이용해서 육각형의 내각의 합을 구해요.

2 다음 그림에서 ∠x의 크기로 옳은 것은?

 풀·이·쓰·기

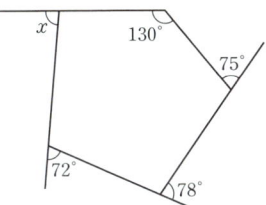

x
$130°$
$75°$
$72°$
$78°$

💬 **Hint** 외각의 크기의 합은 항상 $360°$임을 기억하세요!

🔍 **알아두면 좋아요**

다각형의 내각의 합을 구하는 공식을 설명하는 또 다른 방법

지연쌤의 SNS에서 내각의 합 공식에 대해 풀이를 해 보았죠? 다른 방법으로도 설명할 수 있어요.

자 여기에 오각형이 있어요. 도형의 안쪽에 점을 하나 찍고 각 꼭짓점과 이어 주세요. 이번에는 오각형에서 삼각형이 5개가 생겼죠? 그럼 $180° × 5$에서 가운데 $360°$를 빼면 내각의 합이 나오겠네요.

오각형을 n각형으로 바꾸어 적용하면 $(180° × n) − 360°$라는 식이 나오고, 분배법칙을 이용하면 $180° × (n−2)$가 되죠.

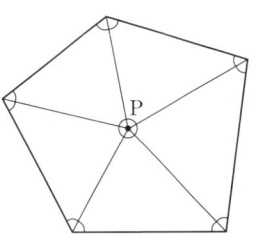

아래 그림에서

∠a+∠b+∠c+∠d의 크기는?

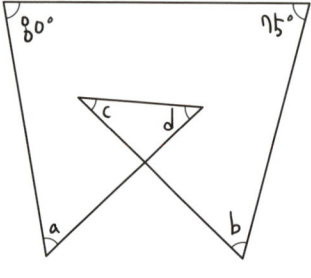

 풀·이·쓰·기

먼저 보조선을 그려보자.

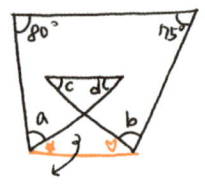

확대

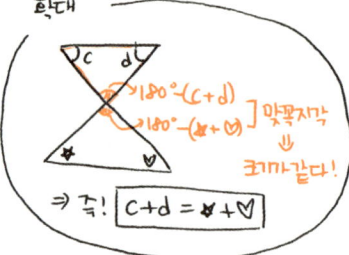

$$180° - (c+d)$$
$$180° - (★+♡)$$ 맞꼭지각
⇒ 크기가 같다!

⇒ 즉! $\boxed{c+d = ★+♡}$

다시 원래 그림으로!

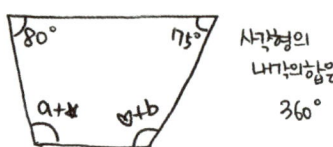

사각형의
내각의 합은
$360°$

$$80° + 75° + a + ★ + ♡ + b = 360°$$
$$\underbrace{}_{c+d \text{ 였지!}}$$

$$\Rightarrow 80° + 75° + a + c + d + b = 360°$$

$$\Rightarrow 155° + a + b + c + d = 360°$$

따라서, $a+b+c+d = 205°$ 이다.

📘 답 $205°$

1 다음 그림에서 ∠a + ∠b + ∠c + ∠d의 크기를 구하여라.

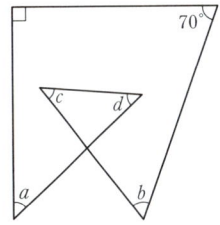

✏ 풀·이·쓰·기

2 다음 그림에서 ∠x의 크기를 구하여라.

✏ 풀·이·쓰·기

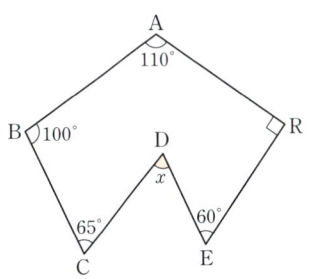

😀 Hint   C와 E를 이어 주는 보조선을 그려요.

🔍 **알아두면 좋아요**

다각형의 외각의 합은 어떤 다각형이 되더라고 항상 360°라는 것을 꼭 기억하세요!

내각의 크기의 합이 1440°인
정다각형에 대해 다음 물음에
답하여라. → 정*n*각형이라하자.

(1) 이 정다각형의 한 외각의 크기?

(2) 총 대각선의 수?

 풀·이·쓰·기

내각의 크기의 합
$$= 180° \times (n-2)$$

* $180° \times (n-2) = 1440°$
  $\dfrac{}{180}$ $\dfrac{}{180}$

$$n-2 = 8$$

$$\boxed{n=10}$$

⇒ 이 정다각형은 정십각형이었어

(1) 정십각형의 한외각의 크기

$$⇒ \frac{360°}{n} = \frac{360°}{10} = 36°$$

(2) 총 대각선 수

$$⇒ \frac{n(n-3)}{2} = \frac{10 \times 7}{2} = 35개$$

답 (1) 36°, (2) 35개

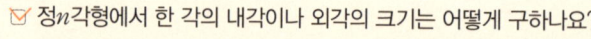

지연쌤의 SNS

☑ 정 n각형에서 한 각의 내각이나 외각의 크기는 어떻게 구하나요?

n각형의 내각의 크기의 합은 $180° \times (n-2)$이고, 외각의 크기의 합은 항상 360°였죠?

여기에 각각 $\frac{1}{n}$을 곱해 주면 정 n각형의 한 내각과 한 외각의 크기를 구할 수 있어요.

따라서 정 n각형의 한 내각의 크기는 $\frac{180° \times (n-2)}{n}$이 되고,

정 n각형의 한 외각의 크기는 $\frac{360°}{n}$가 되겠죠?

1 내각의 크기의 합이 1800°인 정다각형에 대해 다음 물음에 답하여라.

풀·이·쓰·기

(1) 이 정다각형의 한 외각의 크기는?

(2) 이 정다각형의 총 대각선의 수는?

2 한 꼭짓점에서 그은 대각선의 개수가 7개인 정다각형에 대하여 다음 물음에 답하여라.

풀·이·쓰·기

(1) 이 정다각형의 한 내각의 크기는?

(2) 이 정다각형의 한 외각의 크기는?

☺Hint 한 꼭짓점에서 그을 수 있는 대각선의 개수가 7개이면, 그 도형은 몇 각형일까요?

097 각의 크기 비율이 주어지는 경우

한 내각의 크기와 한 외각의크기의
비율이 7:2인 정다각형의 <u>정각형</u>
꼭짓점의개수와 대각선 개수의 <u>n개</u>
합을 구하여라. $\frac{n(n-3)}{2}$개

⚠ Tip

• 정다각형에서 한 내각 또는 외각의 크기를 구할 때는 한 외각을 구하는 공식이 더 간단하기 때문에 외각을 먼저 구하는 것이 더 편리해요.

• 비율이 나왔을 때는 먼저 비율의 합을 생각해요.

예 7 : 2이면 7+2를 해서 $\frac{7}{9}$, $\frac{2}{9}$예요.

✏ 풀·이·쓰·기

① 한내각의크기 + 한 외각의크기 = 항상 180°

⇒ 한 외각의크기 = $180° \times \frac{2}{9} = 40°$

$\frac{360°}{n} = 40°$ 이므로

$\boxed{n=9}$ 임을 알수있다!

따라서 정구각형 이므로

꼭짓점의 개수는 ⑨개

② 정구각형의 대각선 개수

⇒ $\frac{n(n-3)}{2} = \frac{9 \times 6}{2} = 27$개

답을 구해보자!

9개 +27개 = 36개 !

답 36개

지연쌤의 SNS

☑ 정다각형에서 한 각의 내각과 외각의 비율이 주어졌을 때는?

정다각형에서 (한 내각의 크기) : (한 외각이 크기)$=a : b$라고 비율이 주어지면,

한 내각의 크기는 $180° \times \frac{a}{a+b}$이고, (한 내각의 크기)+(한 외각이 크기)$=180°$이므로

한 외각의 크기는 $180° \times \frac{b}{a+b}$예요.

218 ● 중학수학 유형 레시피 중①

1 한 내각의 크기와 한 외각의 크기의 비율이 3:2인 정다각형으로 옳은 것은?

① 정오각형　　② 정육각형
③ 정칠각형　　④ 정팔각형
⑤ 정구각형

 풀·이·쓰·기

Hint 내각과 외각 중 어느 각을 먼저 구하는 것이 편할까요?

2 한 내각의 크기와 한 외각의 크기의 비율이 13:2인 정다각형의 대각선의 총 개수를 구하여라.

풀·이·쓰·기

Hint 정다각형의 이름을 먼저 알아내야겠죠?

아래 그림과 같이 한 변의 길이가 같은 정오각형과 정팔각형이 붙어있을 때, $\angle x$의 크기를 구하여라.

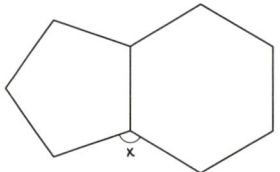

⚠ Tip

• 맞닿아 있는 선분을 연장하면 외각을 구할 수 있어요.

 풀·이·쓰·기

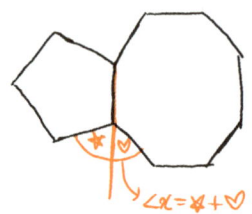

$\angle x = ★ + ♥$

① ★은 정오각형의 한 외각

$$\Rightarrow \frac{360°}{n} = \frac{360°}{5} = 72°$$

② ♥는 정팔각형의 한 외각

$$\Rightarrow \frac{360°}{n} = \frac{360°}{8} = 45°$$

따라서 $\angle x = 72° + 45°$

$= 117°$ 이다.

답 $117°$

지연쌤의 SNS

☑ 맞닿아 있는 $\angle x$를 쉽게 구하는 방법이 있나요?

다음 그림과 같이 정오각형과 정육각형이 맞닿아 있을 때, 각 정다각형의 내각을 먼저 구했을 때의 풀이는 다음과 같아요.

$\angle x = 360° - (180° + 120°) = 132°$

각 정다각형의 외각을 먼저 구했을 때의 풀이는 다음과 같죠.

$\angle x = 72° + 60° = 132°$

어때요? 여러분은 어떤 방법이 더 쉬워 보이나요?

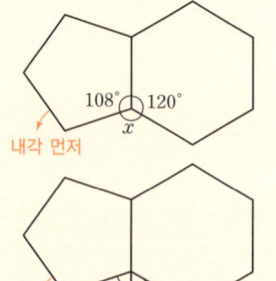

1 다음 그림과 같이 한 변의 길이가 같은 정사각형과 정오각형이 붙어 있을 때, ∠x의 크기를 구하여라.

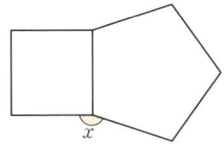

풀·이·쓰·기

2 다음 그림과 같이 한 변의 길이가 같은 정삼각형, 정사각형, 정오각형이 붙어 있을 때, ∠x의 크기를 구하여라.

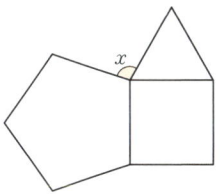

풀·이·쓰·기

😀 Hint 이렇게 보조선을 그리면 쉽게 풀 수 있어요.

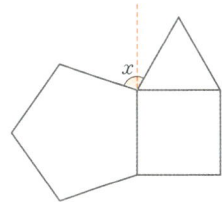

아래 그림이 원 O에서

$\overset{\frown}{AB} : \overset{\frown}{BC} : \overset{\frown}{CA} = 4 : 5 : 6$ 이다.

∠BOC의 크기를 구하여라.

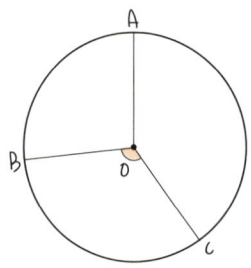

✏️ 풀·이·쓰·기

중심각의 크기와 호의 길이는

"비례" 하기 때문에

$\overset{\frown}{AB} : \overset{\frown}{BC} : \overset{\frown}{CA} = 4 : 5 : 6$ 이면

⇒ ∠AOB : ∠BOC : ∠COA

= 4 : 5 : 6   전체 15칸!

세 각의 합은 360°이므로
한 바퀴!

$∠BOC = 360° \times \dfrac{5}{15} = 120°$

전체 360° 에서
15칸 중 5칸 차지!

답 **120°**

1 다음 그림의 원 O에서
$\overset{\frown}{AB} : \overset{\frown}{BC} : \overset{\frown}{CA} = 2 : 3 : 5$이다. ∠AOB
의 크기를 구하여라.

풀·이·쓰·기

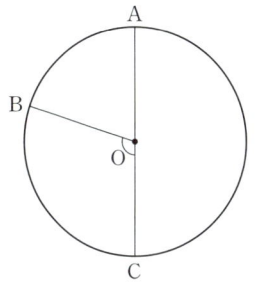

2 다음 그림의 반원 O에서 $\overset{\frown}{AC}$의 길이가
$\overset{\frown}{BC}$의 길이의 5배일 때, ∠AOC의 크기
를 구하여라.

풀·이·쓰·기

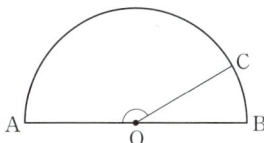

💬 **Hint** 5배라는 것은 비율이 5:1이라는 말과 같아요.

🔍 **알아두면 좋아요**

원과 비율의 관계

다음 그림의 원에서 세 각과 세 호의 비율이
∠x : ∠y : ∠z = a : b : c일 때,

$\angle x = 360° \times \dfrac{a}{a+b+c}$ 이고,

$\angle y = 360° \times \dfrac{b}{a+b+c}$ 이고,

$\angle z = 360° \times \dfrac{c}{a+b+c}$ 이다.

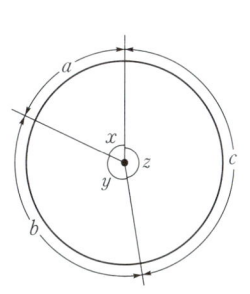

아래 그림의 반원 O에서

$\overline{AB}$는 지름이고, $\overline{AC} /\!/ \overline{OD}$ 이다.

$\angle BOD = 30°$ 이고, $\overparen{BC} = 5\,cm$ 일 때

$\overparen{AC}$의 길이를 구하여라.

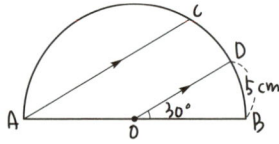

✏️ 풀·이·쓰·기

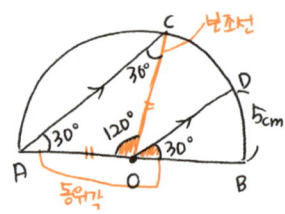
반직선
동위각

① $\angle CAO = \angle BOD = 30°$
   (동위각)

② $\angle CAO = \angle ACO = 30°$
   (이등변 삼각형)
   (왜?) 반지름 이니까!

③ $\angle AOC = 180° - (30° + 30°)$

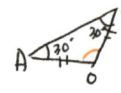

④ $\angle AOC : \angle BOD = 120° : 30°$
   즉! 4 : 1 이므로 호의 길이도!

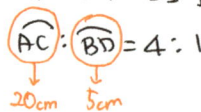
$\overparen{AC} : \overparen{BD} = 4 : 1$
20cm   5cm

따라서, $\overparen{AC} = 20\,cm$ 이다.

답 **20 cm**

지연쌤의 SNS

✉️ 원에서 지름과 평행한 선분이 주어지면 어떻게 해야 하나요?

다음 그림과 같이 원에서 평행한 선분이 주어지면 두 가지를 기억하세요.
① 이등변삼각형 ODC에서 $\angle C = \angle D$이다.
② $\overline{CD} /\!/ \overline{AB}$이므로
   $\angle COA = \angle OCD = \angle ODC = \angle DOB$이다.
   (엇각)   (엇각)

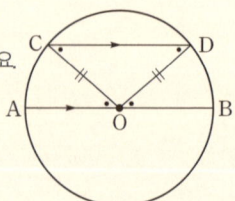

1 다음 그림의 반원 O에서 $\overline{AB}$는 지름이고, $\overline{AC} /\!/ \overline{OD}$이다. $\angle BOD=20°$, $\overparen{BD}=4$ cm일 때, $\overparen{AC}$의 길이를 구하여라.

🖊 풀·이·쓰·기

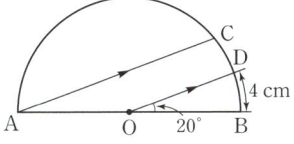

😀 **Hint** 보조선 $\overline{OC}$를 그려서 이등변삼각형을 만들어요!

2 다음 그림의 원 O에서 $\overline{AB} /\!/ \overline{CD}$이고 $\angle AOC=50°$, $\overparen{AC}=3$ cm일 때, $\overparen{CD}$의 길이를 구하여라.

🖊 풀·이·쓰·기

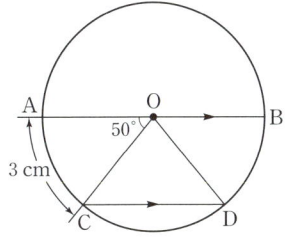

😀 **Hint** 비례식을 이용하면 쉽게 풀 수 있어요.

아래 그림에서 색칠한 부분의
둘레의 길이와 넓이를 각각
구하여라.

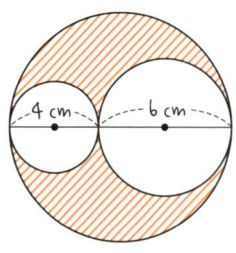

✏️ 풀·이·쓰·기

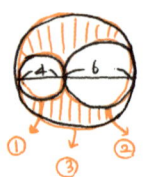

(1) 둘레의 길이

① 둘레: $2 \times \pi \times 2 = 4\pi$ cm

② 둘레: $2 \times \pi \times 3 = 6\pi$ cm

③ 둘레: $2 \times \pi \times 5 = 10\pi$ cm

총둘레 $= 4\pi + 6\pi + 10\pi = \boxed{20\pi \text{ cm}}$

(2) 넓이

⑤ $-$ ① $-$ ③

25π $-$ 4π $-$ 9π

$= 25\pi - 13\pi$

$= \boxed{12\pi \text{ cm}^2}$

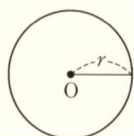 **답** $12\pi \text{ cm}^2$

1 다음 그림에서 색칠한 부분의 둘레의 길이와 넓이를 각각 구하여라.

 풀·이·쓰·기

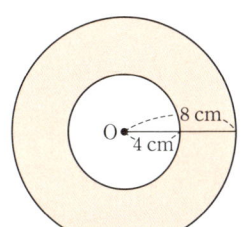

2 다음 그림에서 두 원 A, B의 중심이 원 O의 지름 위에 있을 때, 색칠한 부분의 둘레의 길이와 넓이를 차례로 구하여라.

 풀·이·쓰·기

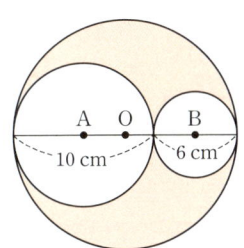

📖 **수학 읽기**

원주율 이야기

$$원주율(\pi) = \frac{원의 \ 둘레의 \ 길이}{원의 \ 지름} = 3.141592\cdots$$

원주율은 참 멋진 숫자예요. 아~주 작은 동전만 한 원도, 엄~청 큰 바퀴만 한 원도 신기하게도 $\dfrac{원의 \ 둘레의 \ 길이}{원의 \ 지름}$ 를 하면 무조건 $3.141592\cdots$가 나온답니다.

하지만 안타깝게도 원주율은 끝도 없이 계속해서 이어지는 숫자예요. 그래서 정확한 값을 구할 수 없죠. 우리가 초등학교 때까지 원주율을 3.14, 3.1, 3으로 계산했었다면, 앞으로는 계산하기 쉽게 원주율을 π(파이)로 사용할 거예요.

아래 그림과 같이 반지름의 길이가 12cm 이고, 중심각의 크기가 30°인 부채꼴에 대하여 다음 물음에 답하여라.

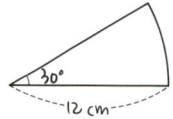

(1) 호의 길이?

(2) 둘레?

(3) 넓이?

⚠ Tip

- $24+2\pi$에서 실수로 더해서 26π로 쓰면 절대 안 돼요!

- π는 3.14와 같은 숫자가 아니라 이제는 하나의 문자로 봐야 해요.
  따라서 동류항이 아니기 때문에 계산할 수 없어요.

✏ 풀·이·쓰·기

(1) 호의 길이
$$= 2\pi r \times \frac{x}{360°}$$
$$= 24\pi \times \frac{30°}{360°} = \boxed{2\pi \ cm}$$

(2) 둘레

$$\Rightarrow 12+12+2\pi = \boxed{(24+2\pi) \, cm}$$

(3) 넓이
$$= \pi r^2 \times \frac{x}{360°}$$
$$= 144\pi \times \frac{30°}{360°} = \boxed{12\pi \ cm^2}$$

📋 답 (1) 2π cm, (2) $(24+2\pi)$ cm, (3) 12π cm²

지연쌤의 SNS

☑ 원과 부채꼴은 어떤 관계인가요?

① 호의 길이 : 원의 둘레=중심각 : 360°

$2\pi r \times$ 중심각=호의 길이 $\times 360°$이고, 정리하면

호의 길이$= 2\pi r \times \dfrac{중심각}{360°}$

② 부채꼴의 넓이 : 원의 넓이=중심각 : 360°

$\pi r^2 \times$ 호의 각도=부채꼴의 넓이 $\times 360°$이고, 정리하면

부채꼴의 넓이$= \pi r^2 \times \dfrac{중심각}{360°}$

1 다음 그림의 부채꼴에 대하여 물음에 답하여라.

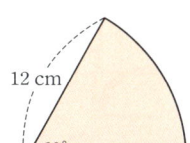

✏️ **풀·이·쓰·기**

(1) 부채꼴의 호의 길이를 구하여라.

(2) 부채꼴의 둘레를 구하여라.

(3) 부채꼴의 넓이를 구하여라.

2 다음 그림의 부채꼴에 대하여 물음에 답하여라.

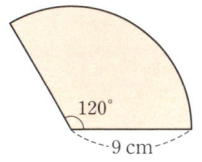

✏️ **풀·이·쓰·기**

(1) 부채꼴의 호의 길이를 구하여라.

(2) 부채꼴의 둘레를 구하여라.

(3) 부채꼴의 넓이를 구하여라.

아래 그림에서 색칠한 부분의
둘레의 길이는?

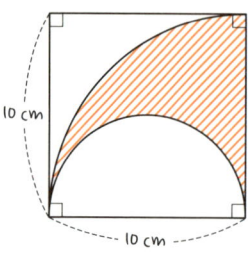

10 cm

10 cm

⚠️ **Tip**

• 여러 도형이 겹쳐 있을 때 둘레의 길이를 물어
  보면 구할 수 있는 부분을 쪼개서 생각해요.

✏️ **풀·이·쓰·기**

 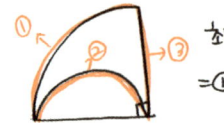

최종 둘레길이
$= ① + ② + ③$

① 호의길이
$= 2\pi \times 10 \times \dfrac{90°}{360°}$

$= 20\pi \times \dfrac{1}{4}$

$= \boxed{5\pi}$ cm

② 호의길이
$= 2\pi \times 5 \times \boxed{\dfrac{1}{2}}$ ← 반원이니까

$= 10\pi \times \dfrac{1}{2}$

$= \boxed{5\pi}$ cm

③ 그냥 $\boxed{10}$ cm

➡️ 최종 색칠한 부분의 둘레 길이는

$5\pi + 5\pi + 10 = (10\pi + 10)$ cm

애네만
동류항!

🏷️ **답** $(10\pi + 10)$ cm

지연쌤의 SNS

☑️ 이런 유형의 문제에는 어떤 모양의 도형들이 있나요?

원, 부채꼴, 삼각형, 사각형 등 다양한 도형들을 겹쳐 보고, 특정 부분만 색칠해서 여러분만의 문
제를 만들어 보세요.

 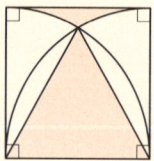 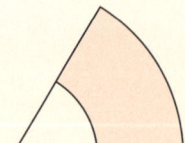 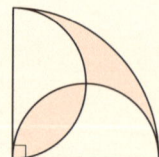 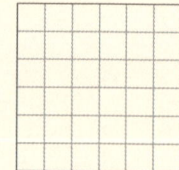

1 다음 그림에서 색칠한 부분의 둘레의 길이를 구하여라.

 **풀·이·쓰·기**

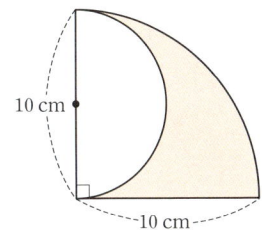

10 cm

10 cm

💬 **Hint** 색칠한 부분의 둘레의 길이는
①+②+③

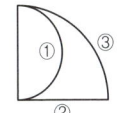

2 다음 그림에서 색칠한 부분의 둘레의 길이를 구하여라.

 풀·이·쓰·기

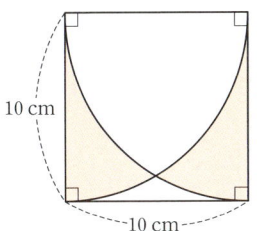

10 cm

10 cm

💬 **Hint** 색칠한 부분의 둘레는
(①+②)+(③+④)

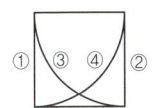

아래 그림에서 색칠한 부분의 넓이는?

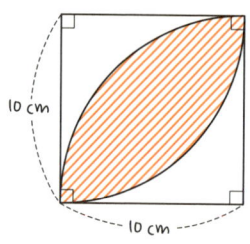

10 cm

10 cm

 풀·이·쓰·기

①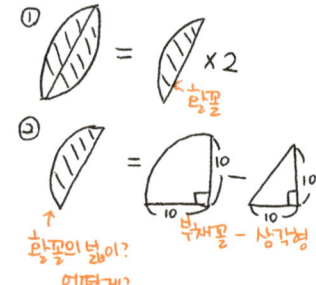

넓이 $= \pi \times 10^2 \times \dfrac{90°}{360°}$

$= 100\pi \times \dfrac{1}{4} = \boxed{25\pi}$

넓이 $= 10 \times 10 \times \dfrac{1}{2} = \boxed{50}$

⇒ 넓이 $= (25\pi - 50)\ \mathrm{cm}^2$

⇒ 넓이 $= (25\pi - 50) \times 2$

$= (50\pi - 100)\ \mathrm{cm}^2$

답 $(50\pi - 100)\ \mathrm{cm}^2$

☑ 이런 모양의 도형은 어떻게 넓이를 구하나요?

위 문제의 도형을 자세히 볼까요?

응? 이런 도형은 처음 봐요! 어떻게 구해야 할까요? 우선 반으로 쪼개 봐요.

이건? 활꼴이 나왔어요. 하지만 이것도 넓이를 구하는 방법을 몰라요.

그럼… 부채꼴(　)과 삼각형(　)의 넓이는 구할 수 있죠?

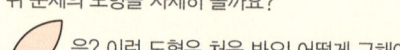 라는 식을 만들 수 있어요.

이제 활꼴의 넓이를 구했으니 2를 곱하면 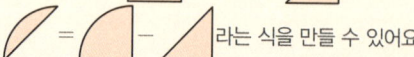의 넓이를 구할 수 있겠죠?

1 다음 그림에서 색칠한 부분의 넓이를 구
하여라.

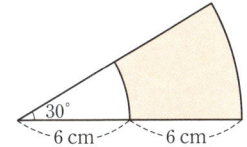

🖊 **풀·이·쓰·기**

💬 **Hint**
(큰 부채꼴의 넓이)−(작은 부채꼴의 넓이)

2 다음 그림에서 색칠한 부분의 넓이를 구
하여라.

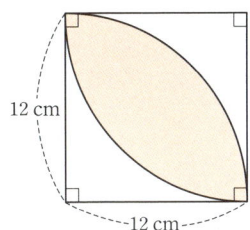

🖊 **풀·이·쓰·기**

💬 **Hint** {(부채꼴의 넓이)−(삼각형의 넓이)} × 2

아래 그림에서 색칠한 부분의
넓이를 구하여라.

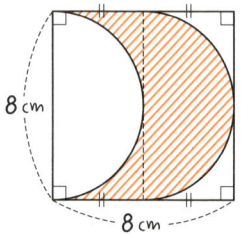

풀·이·쓰·기

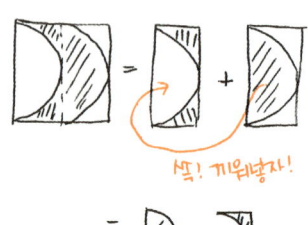

쏙! 끼워넣자!

결국! 넓이만 구하면 끝!

$\Rightarrow 8 \times 4 = \boxed{32 \text{ cm}^2}$

답 32 cm^2

지연쌤의 SNS

☑ 이런 유형의 문제에는 어떤 모양의 도형들이 있나요?

예

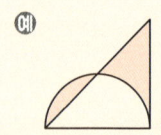 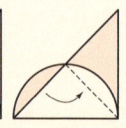 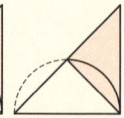 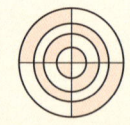 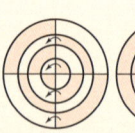 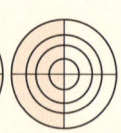

다음 예의 그림과 같이 복잡한 모양의 도형이라도 간단하게 만들 방법이 있답니다.
문제 속에 도형의 넓이를 구할 조건이 부족하다면 도형을 간단하게 만들 방법이 있는지 다시 한
번 확인해 보세요.

1 다음 그림에서 색칠한 부분의 넓이를 구
하여라.

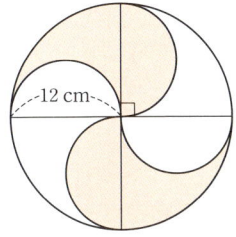

✏️ 풀·이·쓰·기

2 다음 그림에서 색칠한 부분의 넓이를 구
하여라.

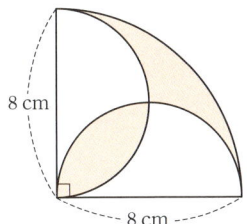

✏️ 풀·이·쓰·기

💬 **Hint** 간단한 도형으로 만들기 위해서는 어떻
게 바꿔야 할까요?

아래 그림과 같이 밑면의 반지름의 길이가 5cm인 원기둥 4개를 묶으려고 한다. 이때 필요한 끈의 최소 길이를 구하여라.

(단, 매듭의 길이는 고려하지않음)

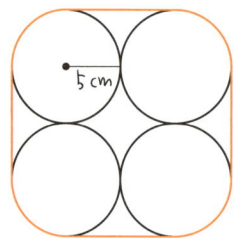

 Tip

• 묶은 끈 문제를 쉽게 풀기 위해서는 끈이 원에 닿은 부분과 끈이 원에 닿지 않은 부분을 구분하면 쉽게 문제를 풀 수 있을 거예요.

풀·이·쓰·기

① 끈의 직선구간

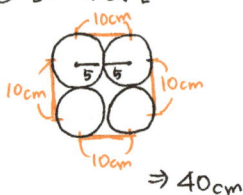

$\Rightarrow$ 40cm

② 끈의 곡선구간

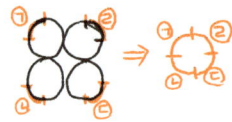

$\Rightarrow$ 결국 하나의 둘레!

$\Rightarrow 2\pi r = 2\pi \times 5 = \underline{10\pi}$ cm

③ 총 끈의 길이

$= \underline{(40+10\pi)}$ cm

답 $(40+10\pi)$ cm

지연쌤의 SNS

☑ 묶은 끈 문제의 핵심은 무엇인가요?

묶은 끈 문제는 다음 그림과 같이 몇 개의 원이 있더라도 곡선 부분을 모두 합치면 하나의 원이 완성되고, 원 개수만큼의 선이 남는다는 것이에요. 이제 묶은 끈 문제를 만나더라도 어렵지 않게 풀 수 있겠죠?

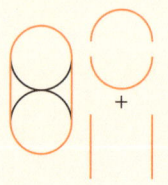 + 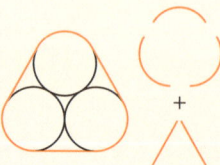 + 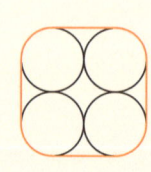 +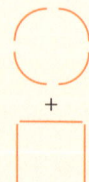

1 다음 그림과 같이 반지름의 길이가 8 cm 인 원 4개를 묶으려고 한다. 이때, 필요한 끈의 최소 길이를 구하여라. (단 매듭의 길이는 고려하지 않음)

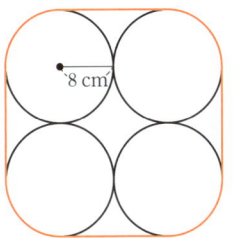

풀·이·쓰·기

2 다음 그림과 같이 반지름의 길이가 6 cm 인 원 3개를 묶으려고 한다. 이때 필요한 끈의 최소 길이를 구하여라. (단 매듭의 길이는 고려하지 않음)

풀·이·쓰·기

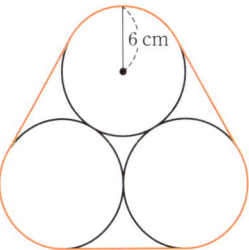

Hint 곡선 부분을 모두 합하면 어떤 모양이 될까요?

다음 입체도형 중 아래조건을 모두
만족하는 것은?

─────〈조건〉─────

㉠ 십면체이다. → 면이 10개

㉡ 밑면이 2개이고, 평행하다.
　　　→ 뿔은 탈락!

㉢ 옆면의 모양은 사다리꼴이다.
　　　　　　　　　　→ 뿔대!

① 구각뿔

② 팔각기둥

③ 팔각뿔대

④ 구각기둥

⑤ 구각뿔대

 풀·이·쓰·기

㉡ 에서 밑면이 2개 + 평행
　　　　　⇩
　　　뿔대 or 기둥

㉢ 에서 옆면이 사다리꼴
　　　　　⇩
　　뿔대로 확정!

몇각뿔대일까?

㉠에서 십면체! 면이 10개

밑면 2개 + 옆면 8개

옆면이 8개려면
밑면이 팔각형이어야!

∴ 따라서, 팔각뿔대 당첨!

답 ③

지연쌤의 SNS

✉ 다면체는 어떤 도형을 말하는 건가요?

다면체란 다각형인 면으로만 둘러싸인 입체도형을 말해요.
그래서 다면체는 면의 개수에 따라서 사면체, 오면체, 육면체라고 이름을 붙이죠.
n면체라고도 합니다!

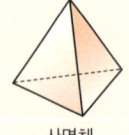
사면체

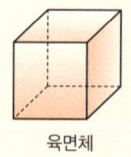
오면체

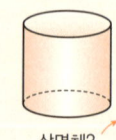
육면체

삼면체?

이건 다면체가
아니예요!
회전체인
원기둥이랍니다.

1 다음 입체도형 중 |보기|의 조건을 모두 만족하는 다면체는?

 풀·이·쓰·기

| 보기 |
ㄱ. 십일면체이다.
ㄴ. 밑면이 2개이고, 평행하다.
ㄷ. 옆면의 모양은 직사각형이다.

① 구각뿔   ② 팔각기둥   ③ 팔각뿔대
④ 구각기둥   ⑤ 구각뿔대

2 다음 입체도형 중 |보기|의 조건을 모두 만족하는 다면체는?

 풀·이·쓰·기

| 보기 |
ㄱ. 옆면은 삼각형이다.
ㄴ. 면의 개수는 7개이다.

① 사각기둥   ② 사각뿔대   ③ 오각뿔
④ 오각뿔대   ⑤ 육각뿔

🔍 **알아두면 좋아요**

다면체의 종류

① **각기둥**: 밑면이 두 개이고, 옆면이 사각형으로 이루어진 다면체예요.
② **각뿔**: 밑면이 한 개이고, 옆면이 삼각형으로 이루어진 다면체예요.
③ **각뿔대**: 밑면이 두 개이고 서로 평행하며, 옆면이 사다리꼴로 이루어진 다면체예요.
　　　　　각뿔대는 각뿔을 밑면에 평행하게 자르고 남은 부분이에요.

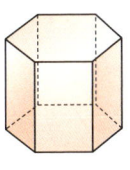

육각기둥

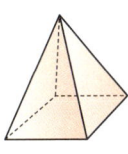

삼각뿔

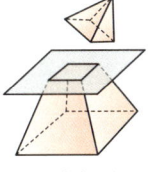

삼각뿔대

다면체는 밑면의 이름을
따서 최종 이름을 결정
한답니다.

아래 그림은 정사면체 2개를 붙여서 만든 입체도형이다. 이 다면체에 대한 설명으로 <u>옳은</u> 것을 모두 고르면?

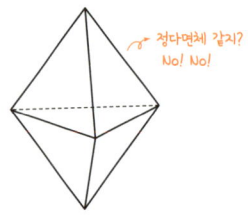

정다면체 맞지?
No! No!

① 꼭짓점은 6개이다.

② 모두 정삼각형인 면으로 이루어져 있다. → 그런듯??

③ 육면체이다.

④ 각 꼭짓점에 모인 면의 개수는 같다. → 꼭 체크필수!

⑤ 정다면체이다.

↳ ②,④ 조건 맞으면 정다면체

 풀·이·쓰·기

① 꼭짓점은 5개

② 모두 정삼각형! OK!

③ 면이 6개이므로 육면체! OK!

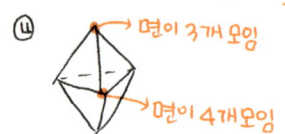
면이 3개 모임
면이 4개 모임

각 꼭짓점에 모이는 면의 개수가 다름!!

⑤ ④번 에서의 이유로 정다면체 탈락!

답 ②, ③

지연쌤의 SNS

☑ 정다면체는 정확히 어떤 도형을 말하는 건가요?

정다면체란 각 면이 서로 합동인 정다각형이고, 각 꼭짓점에 모인 면의 개수가 모두 같은 다면체를 말해요. 그런데 이 두 가지 조건을 모두 만족하려면, 아~무리 찾아봐도 딱 5개의 정다면체만 나와요!

정다면체	정사면체	정육면체	정팔면체	정십이면체	정이십면체
겨냥도					
면의 모양	정삼각형	정사각형	정삼각형	정오각형	정삼각형
한 꼭짓점에 모인 면의 개수	3	3	4	3	5

1 다음 그림은 각 면의 모양이 합동인 정삼각형이다. 다음 물음에 답하여라.

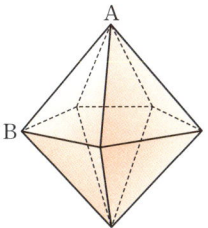

 풀·이·쓰·기

(1) 꼭짓점 A에 모인 면의 개수를 구하여라.

(2) 꼭짓점 B에 모인 면의 개수를 구하여라.

(3) 이 도형이 정다면체가 아닌 이유를 말하여라.

2 다음 |보기|의 조건을 모두 만족하는 정다면체를 말하여라.

 풀·이·쓰·기

┤보기├
ㄱ. 각 꼭짓점에 모인 면의 개수는 3개이다.
ㄴ. 각 면은 정삼각형이다.
ㄷ. 꼭짓점의 개수는 4개이다.

 알아두면 좋아요

조건에 맞는 정다면체 찾기!

① 면의 모양에 따라
　　정삼각형 → 정사면체, 정팔면체, 정이십면체
　　정사각형 → 정육면체
　　정오각형 → 정십이면체

② 한 꼭짓점에 모인 면의 개수에 따라
　　모인 면이 3개 → 정사면체, 정육면체, 정십이면체
　　모인 면이 4개 → 정팔면체
　　모인 면이 5개 → 정이십면체

다음 중 직선 l을 회전축으로 하여
1회전 시킬 때, 생기는 입체도형이
아래 그림과 같은 것은?

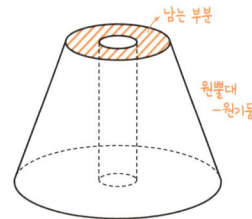

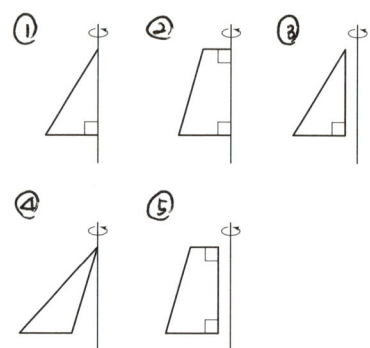

① ② ③ ④ ⑤

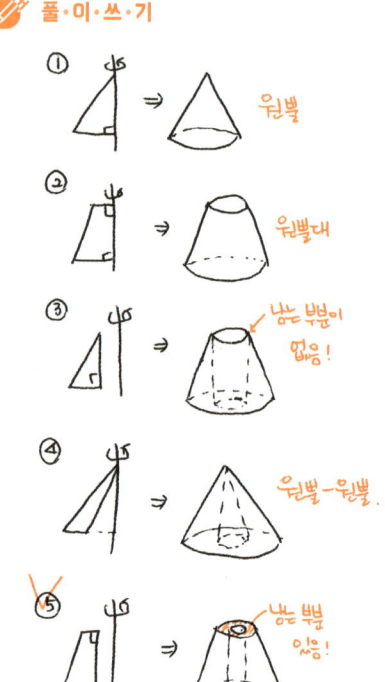

① ⇒ 원뿔

② ⇒ 원뿔대

③ ⇒ 남는 부분이 없음!

④ ⇒ 원뿔 - 원뿔.

⑤ ⇒ 남는 부분 있음!

답 ⑤

☑ 평면도형이 어떻게 입체도형이 되나요?

회전체란 평면도형을 한 직선을 축으로 하여 한 바퀴 회전
시켜 만든 입체 도형을 말해요.
여기서 회전축은 회전시킬 때 축으로 사용하는 직선이고,
모선은 회전시킬 때 옆면을 만드는 선분을 말하죠. 회전체
는 모서리가 따로 없고 모선이라는 용어가 있으니 기억하
세요.

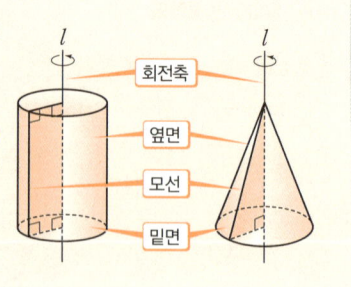

1 다음 그림을 직선 l을 회 전축으로 하여 한 번 회전 시켰을 때 생기는 입체도 형으로 옳은 것은?

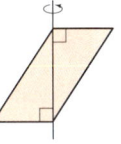

풀·이·쓰·기

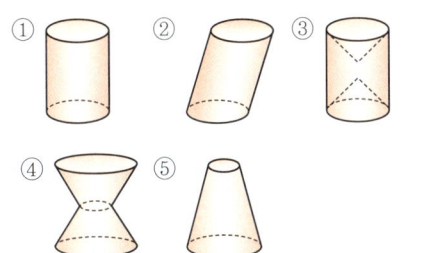

① ② ③ ④ ⑤

2 다음 그림과 같은 도 넛 모양의 입체도형 은 다음 중 어느 도형 을 회전시킨 것인가?

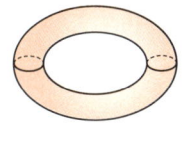
풀·이·쓰·기

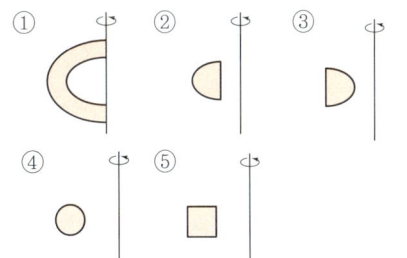

① ② ③ ④ ⑤

🔍 **알아두면 좋아요**

회전체를 직접 그려 보고 어떻게 만들어지는지 한 번 확인해 보세요.

회전체	원기둥	원뿔	원뿔대	구	눈사람
겨냥도					

아래 그림과 같은 원기둥을 다음과 같은
평면으로 잘랐을 때 그 단면의 넓이를
구하여라.

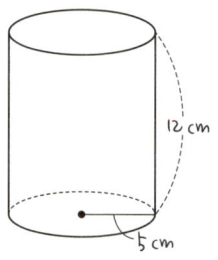

12 cm

5 cm

(1) 회전축에 수직인 평면

(2) 회전축을 포함하는 평면

 풀·이·쓰·기

(1) 회전축에 수직인 평면으로
자르면?

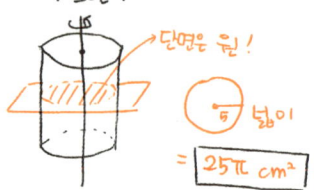

단면은 원!

넓이

$= 25\pi \ cm^2$

(2) 회전축을 포함하는 평면으로
자르면?

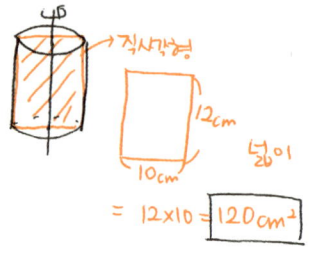

직사각형

12cm

10cm

넓이

$= 12 \times 10 = 120 \ cm^2$

답 (1) $25\pi \ cm^2$, (2) $120 \ cm^2$

지연쌤의 SNS

✉ 회전체를 자르면 어떤 모양이 나오나요?

① 회전체를 회전축에 수직인 평면으로 자르면?
크기는 제각각 달라도, 단면의 모양이 항~상 원이 나와요!
특히 원기둥은 어떤 높이에서 자르더라도 계속 합동인 원이 나온
답니다.

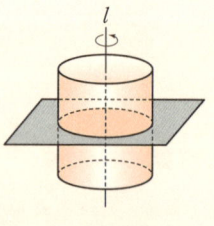

② 회전체를 회전축을 포함하는 평면으로 자르면?
모양은 제각각 달라도, 축을 기준으로 대칭인 선대칭 도형이 나와요!
그리고 회전축을 포함했을 때 어떤 각도로 자르더라도 항상 합동인
도형이 나온답니다.

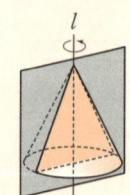

1 다음 그림의 원뿔을 회전축을 포함하는 평면으로 잘랐을 때 생기는 단면의 넓이를 구하여라.

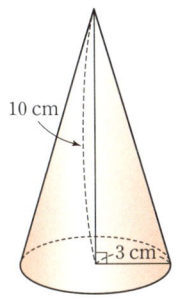

10 cm

3 cm

☺ **Hint** 회전축을 포함하는 평면

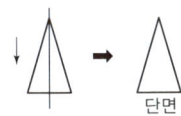

단면

🖊 풀·이·쓰·기

2 다음 그림과 같은 직사각형을 직선 l을 축으로 하여 한 바퀴 회전시킬 때 생기는 입체도형을 회전축에 수직인 평면으로 자를 때 생기는 단면의 넓이를 구하여라.

l

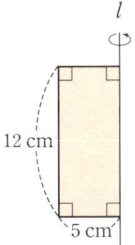

12 cm

5 cm

☺ **Hint** 회전축에 수직인 평면

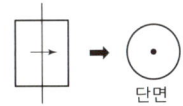

단면

🖊 풀·이·쓰·기

아래 그림과 같은 전개도로 만들어지는 원뿔의 밑면의 반지름의 길이를 구하여라.

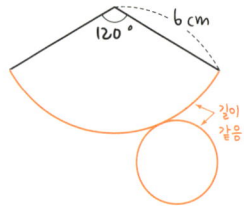

! Tip

• 회전체의 전개도에서 원과 붙어 있는 호의 길이는 원의 둘레의 길이와 같아요.

🖊 풀·이·쓰·기

① 의 호의 길이?

☆

$$☆ = 2\pi \times 6 \times \frac{120°}{360°}$$

$$= 12\pi \times \frac{120°}{360°}$$

$$= 4\pi \ cm$$

② 그렸다면 밑면의 둘레도!

4π cm

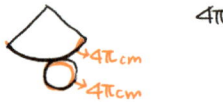→4π cm
→4π cm

—둘레 4π cm

$$\Rightarrow 2\pi r = 4\pi$$

$$\boxed{r = 2 \ cm}$$

답 2 cm

지연쌤의 SNS

☑ 회전체를 펼치면 어떤 모양의 전개도가 나오나요?

회전체	원기둥	원뿔	원뿔대
전개도	밑면 / 옆면 / 밑면	옆면 / 모선 / 밑면	밑면 / 옆면 / 밑면

단! 구는 전개도를 그릴 수 없어요. 그리고 구, 도넛 모양, 눈사람 모양처럼 곡선을 회전해서 만든 회전체는 전개도를 그릴 수 없답니다.

1 다음 그림과 같은 원뿔의 전개도에서 부채꼴의 호의 길이를 구하여라.

 풀·이·쓰·기

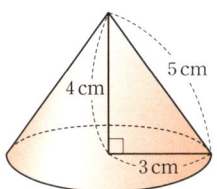

💬 **Hint** 원뿔의 옆면(부채꼴)의 호의 길이는 밑면의 둘레의 길이와 같아요.

2 다음 그림과 같은 전개도로 만들어지는 원뿔의 밑면의 반지름의 길이를 구하여라.

 풀·이·쓰·기

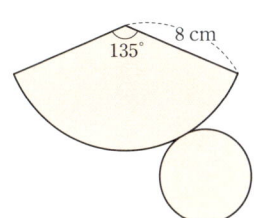

🔍 **알아두면 좋아요**

회전체의 전개도 문제 팁!

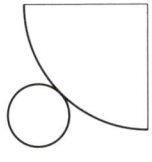

• 원뿔의 옆면은 삼각형이 아닌 부채꼴이에요.

• 회전체의 전개도에서 가~장 중요한 것은 밑면의 둘레와 옆면의 어느 부분이 같은지 찾아내는 것이에요.

• 원뿔대의 옆면은 사다리꼴이 아니에요.
그냥 큰 부채꼴에서 작은 부채꼴을 뺀 모양을 생각하세요.

아래 그림과 같이 밑면의 지름의
길이와 높이가 모두 6cm인
원기둥의 겉넓이를 구하여라.

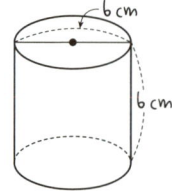

✏ **풀·이·쓰·기**

겉넓이는 전개도를 이용해서!

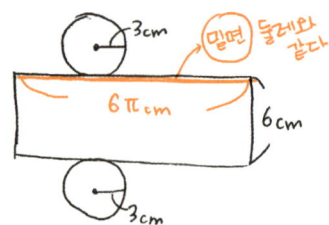

밑면 둘레와 같다

① 넓이 $= 9\pi$ cm²

② 넓이 $= 36\pi$ cm²

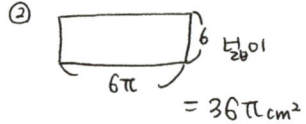

$\Rightarrow$ 겉넓이 = ⊖×2 + ▭

$= 9\pi \times 2 + 36\pi$

$= 18\pi + 36\pi$

$= 54\pi$ cm²

답 54π cm²

지연쌤의 SNS

✅ 기둥의 겉넓이는 어떻게 구하나요?

기둥의 겉넓이는 전개도를 이용하면 쉽게 구할 수 있어요.

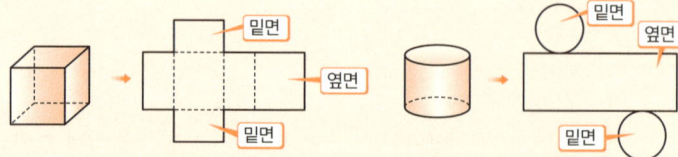

즉, 기둥의 겉넓이는 삼각기둥, 사각기둥, 원기둥 등의 다양한 모양과 관계없이

(기둥의 겉넓이)=(밑넓이)×2+(옆넓이)로 구할 수 있어요.

1 다음 그림과 같은 삼각기둥의 겉넓이를 구하여라.

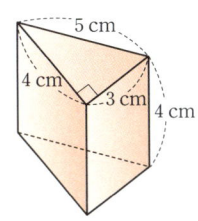

풀·이·쓰·기

2 다음 그림과 같은 원기둥의 겉넓이를 구하여라.

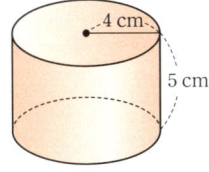

풀·이·쓰·기

🔍 **알아두면 좋아요**

원기둥의 겉넓이 구하기

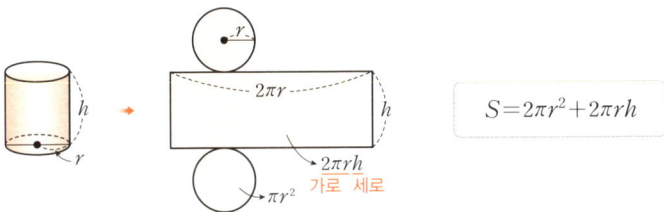

$$S = 2\pi r^2 + 2\pi rh$$

여기서 왜 가로의 길이가 $2\pi r$일까요? 맞아요! 밑면인 원의 둘레의 길이가 $2\pi r$이기 때문이지요. 직사각형의 넓이는 (가로)×(세로)이므로, 이것만 기억한다면 원기둥의 옆넓이는 쉽게 구할 수 있겠죠?

아래 그림과 같이 <u>직육면체 안에</u>
<u>원기둥모양의 구멍이 뚫린</u> 입체도형의
<u>겉넓이</u>를 구하여라.
밑면×2 + 옆면

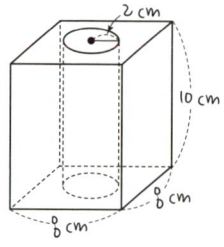

⚠ **Tip**

• 큰 입체도형과 작은 입체도형의 겉넓이를
구하고, 무엇을 빼 주고 무엇을 더해야 할지
구분해 주어야 해요.

✏ 풀·이·쓰·기

① 밑면

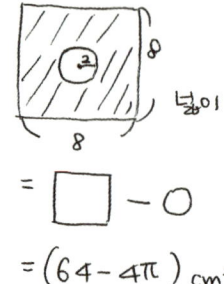

$= (64 - 4\pi)$ cm²

② 옆면 (직육면체)

$8 \times 4 = 32$

10 넓이

$= 320$ cm²

옆면 (원기둥)

4π

10 넓이

$= 40\pi$ cm²

③ 겉넓이 $=$ 밑넓이 $\times 2$ + 옆넓이
$= (64-4\pi) \times 2 + 320 + 40\pi$
$= 128 - 8\pi + 320 + 40\pi$
동류항
$= (448 + 32\pi)$ cm²

📋 답 $(448+32\pi)$ cm²

1 다음 그림의 입체도형은 원기둥 안에 원기둥 모양의 구멍을 뚫은 것이다. 이 입체도형의 겉넓이를 구하여라.

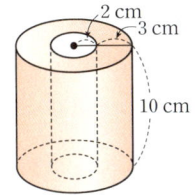

2 다음 그림과 같이 직육면체 안에 원기둥 모양의 구멍이 뚫린 입체도형의 겉넓이를 구하여라.

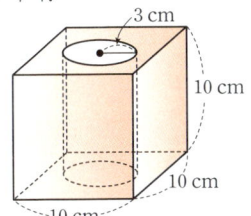

🔍 **알아두면 좋아요**

구멍 뚫린 기둥의 겉넓이를 구할 때 주의할 점

만약 구멍이 뚫린 기둥의 겉넓이가 아닌 부피를 구하는 문제라면 여러분은 이 문제를 더 쉽게 풀 수 있었을 거예요. 그냥 큰 입체도형의 부피에서 작은 입체도형의 부피를 빼면 되기 때문이지요.

하지만 겉넓이의 경우에는 쉽게 말해 입체도형의 겉면을 모두 색칠하는 것과 같아요.

즉, 구멍이 뚫린 부분을 빼는 것이 아니라 당연히 색칠해 줘야 하지요. 그러므로 **구멍이 뚫린 안쪽의 넓이도 더해야 한다는 것**을 잊지 말고 꼭 기억하세요.

아래 그림은 두 원기둥의 밑면의
원의 중심이 일치하도록 각각 구해서⊕ 쌓은 것이다.
이 입체도형의 부피를 구하여라.

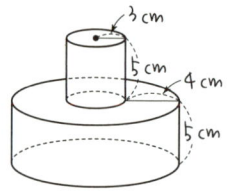

3 cm
5 cm
4 cm
5 cm

✏️ 풀·이·쓰·기

$$\boxed{\text{기둥의 부피 = 밑넓이} \times \text{높이}}$$

① 의 부피

3
5

$$= \left(\frac{}{3}\right) \times 5 = 9\pi \times 5 = \boxed{45\pi \; cm^3}$$

② 의 부피

7
5

$$= \left(\frac{}{7}\right) \times 5$$

$$= 49\pi \times 5 = \boxed{245\pi \; cm^3}$$

③ 총 부피 = ① + ②

$$= 45\pi + 245\pi$$

$$= \boxed{290\pi \; cm^3}$$

답 $290\pi \; cm^3$

지연쌤의 SNS

☑ 기둥의 부피는 어떻게 구하나요?

기둥의 부피를 구하는 방법은 정~말로 간단합니다. 그냥 기둥의 밑넓이와
기둥의 높이를 곱해 주세요.

① 각기둥의 부피

밑넓이가 S, 높이가 h인 각기둥의 부피를 V라고 한다면,

$V = (\text{밑넓이}) \times (\text{높이}) = Sh$

② 원기둥의 부피

밑면의 반지름의 길이가 r, 높이가 h인 원기둥의 부피를 V라고 한다면,

$V = (\underset{\pi r^2}{\underline{\text{밑넓이}}}) \times (\underset{h}{\underline{\text{높이}}}) = \pi r^2 h$

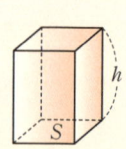

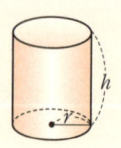

1 다음 그림과 같은 원기둥의 부피를 구하
여라.

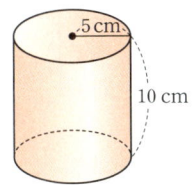

IV

평면도형과 입체도형

💬 **Hint** 반지름의 길이가 5 cm인 원이 10 cm 높
이만큼 쌓여 있어요.

2 다음 그림과 같은 밑면이 부채꼴인 기둥
의 부피를 구하여라.

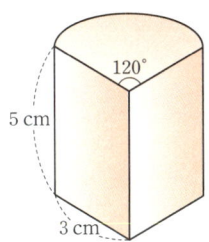

💬 **Hint** 부채꼴이 5 cm만큼 쌓여 있어요.

아래 그림과 같은 두루마리 화장지
의 부피를 구하여라.

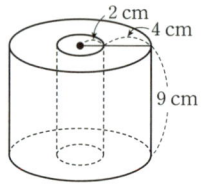

! **Tip**

• 큰 원기둥의 부피에서 작은 원기둥의 부피
를 빼요.

 풀·이·쓰·기

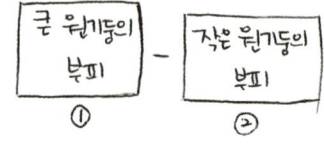

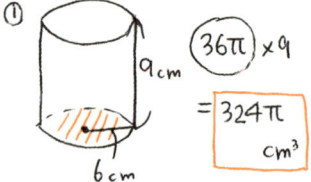

① $(36\pi) \times 9$

$= 324\pi$ cm³

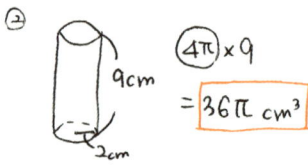

② $(4\pi) \times 9$

$= 36\pi$ cm³

따라서 최종부피는

$324\pi - 36\pi = 288\pi$ cm³

답 288π cm³

 SNS

☑ 기둥의 부피를 구하는 문제를 쉽게 이해하는 방법이 있을까요?

지난 유형에서 기둥의 부피를 구하는 공식을 배웠죠? 그렇다면 이 공식을 좀 더 쉽게 이해하는 방법을 설명해 드릴게요.

우리가 지금 읽고 있는 이 책을 보면 아주 얇은 사각형 모양의 종이가 한 장씩 쌓이고 쌓여 넓적한 사각기둥 모양을 만들고 있어요. 즉, 이 책의 부피는 (종이 한 쪽 사각형의 넓이)×(책의 두께)인 것이지요.

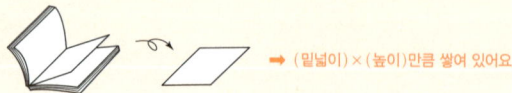 ➡ (밑넓이)×(높이)만큼 쌓여 있어요.

1 다음 그림과 같은 큰 원기둥에서 밑면의 반지름의 길이가 3 cm인 원기둥 모양의 구멍을 뚫은 입체도형의 부피를 구하여라.

 풀·이·쓰·기

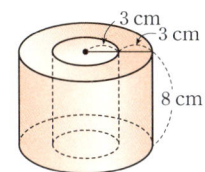

2 다음 그림은 직육면체에서 작은 직육면체를 잘라낸 것이다. 이 입체도형의 부피를 구하여라.

 풀·이·쓰·기

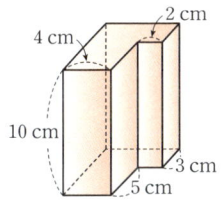

Hint 이 입체도형의 밑면의 모양은 [밑면]이에요.

🔍 **알아두면 좋아요**

밑면의 넓이를 구하는 여러 가지 방법

2번 문제를 예로 기둥의 부피 응용문제를 푸는 여러 가지 방법을 알아볼까요?
① (밑면의 넓이)＝(큰 직사각형의 넓이)－(작은 직사각형의 넓이)
② (밑면의 넓이)＝(작은 직사각형의 넓이)＋(작은 직사각형의 넓이)

① ▯ ＝ ▯ － ▯ ② ▯ ＝ ▯ ＋ ▯ 또는 ▯ ＝ ▯ ＋ ▯

아래 그림과 같은 전개도로
만들어지는 입체도형에 대하여
이 입체도형의 겉넓이를 A cm², ①
부피를 B cm³ 라하자. ②
A, B의 값을 각각 구하여라

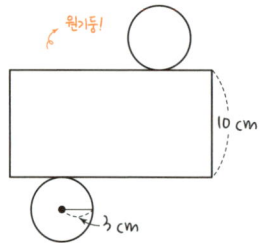

원기둥!

10 cm

3 cm

✏️ 풀·이·쓰·기

① 겉넓이 = 전개도의 넓이!

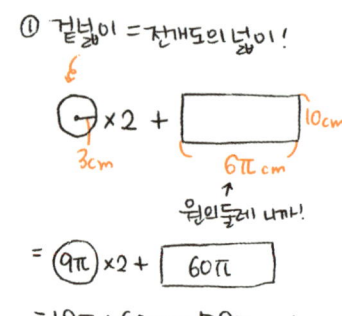

3cm ×2 + 10cm

6π cm ← 원의둘레 나가!

= 9π ×2 + 60π

= 18π + 60π = 78π cm²

따라서, A = 78π

② 부피

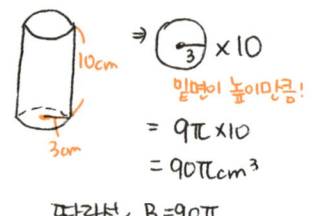

10cm → 3 ×10

3cm 밑면이 높이만큼!

= 9π ×10

= 90π cm³

따라서, B = 90π

답 $A = 78\pi$, $B = 90\pi$

지연쌤의 SNS

☑ 기둥의 겉넓이와 부피 문제에서 전개도가 제시되었다면?

겉넓이와 부피를 물어보는 문제에서 전개도를 제시해 줬다면 겉넓이는 엄~청 쉽게 구할 수 있어
요. 전개도에 보이는 넓이를 모두 더하면 되기 때문이지요.
그 다음으로 부피를 구하기 위해서는 전개도에서 밑면과 높이를 찾아야 해요! 전개도가 어떤 입체
도형이었는지 상상하면 밑면과 높이를 쉽게 찾을 수 있어요.

1 다음 그림과 같은 전개도로 만들어지는 입체도형에 대하여 겉넓이와 부피를 각 각 구하여라.

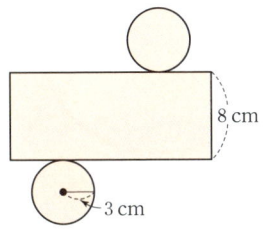

✏️ 풀·이·쓰·기

💬 **Hint** (옆넓이 가로의 길이)=(밑면 둘레의 길이)

2 다음 그림과 같은 평면도형을 직선 l을 축으로 하여 1회전시킬 때 생기는 입체 도형의 부피를 구하여라.

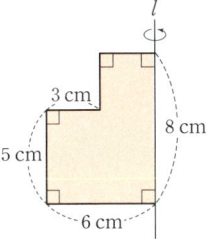

✏️ 풀·이·쓰·기

💬 **Hint** 회전체의 모양은 큰 원기둥 위에 작은 원 기둥을 올려둔 모양이에요.

아래 그림과 같은 원뿔의 겉넓이를
구하여라. _____ 전개도!

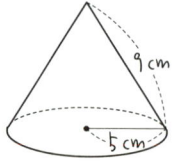

풀·이·쓰·기

주어진 도형의 전개도

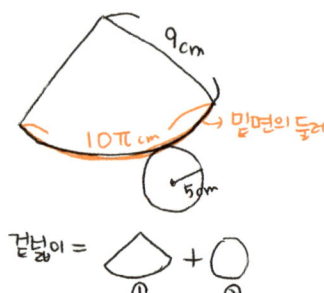

밑면의 둘레

겉넓이 = ① + ②

① 넓이 $= 10\pi \times 9 \times \dfrac{1}{2}$

$= 45\pi \ cm^2$

② 넓이 $= 25\pi \ cm^2$

최종 겉넓이 $= 45\pi + 25\pi$

$= 70\pi \ cm^2$

답 $70\pi \ cm^2$

지연쌤의 SNS

✉ 원뿔의 겉넓이는 어떻게 구하나요?

원뿔의 겉넓이도 기둥의 겉넓이와 같이 (밑넓이)+(옆넓이)예요. 하지만 원뿔의 옆넓이를 구하는
것이 어렵지요. 원뿔의 옆면이 부채꼴인 것은 알겠지만 중심각도 알려주지 않거든요.
그러면 어떻게 구하느냐! 바로 부채꼴의 넓이를 구하는 공식을 이용해요.

(원뿔의 옆넓이)=(호의 길이)×(부채꼴의 반지름)×$\dfrac{1}{2}$이에요. 꼭 기억하세요.

1 다음 그림과 같이 밑면은 한 변의 길이가 4 cm인 정사각형이고 옆면은 모두 높이가 8 cm인 이등변삼각형인 정사각뿔의 겉넓이를 구하여라.

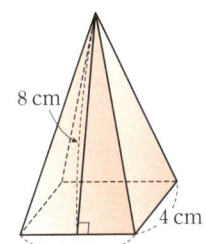

😀 Hint (정사각형 1개)+(이등변삼각형 4개)

2 다음 그림과 같은 원뿔의 겉넓이를 구하여라.

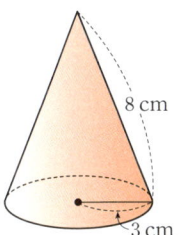

😀 Hint (원의 넓이)+(부채꼴의 넓이)

🔍 **알아두면 좋아요**

각뿔의 겉넓이

각뿔의 겉넓이는 전개도를 보면 쉽게 구할 수 있어요. 각뿔은 옆면이 모두 삼각형이고 밑면은 1개이므로, 삼각형의 넓이와 밑면의 넓이를 모두 구해 더하면 되죠.

단! 여기서 주의해야 할 점은 각뿔의 높이를 삼각형의 높이로 착각하지 말아야 한다는 것이에요.

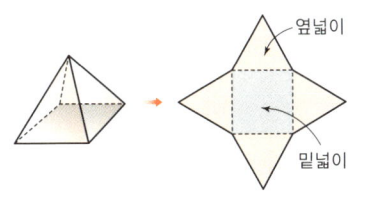

아래 그림과 같은 도형의 부피를
구하여라.

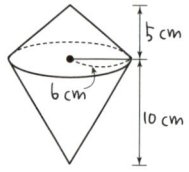

풀·이·쓰·기

부피 =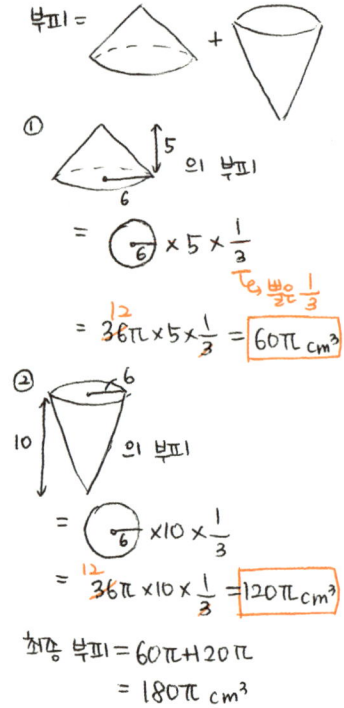

① 의 부피

$= \bigcirc{6} \times 5 \times \frac{1}{3}$

뿔은 $\frac{1}{3}$

$= \overset{12}{36\pi} \times 5 \times \frac{1}{3} = \boxed{60\pi \text{ cm}^3}$

② 의 부피

$= \bigcirc{6} \times 10 \times \frac{1}{3}$

$= \overset{12}{36\pi} \times 10 \times \frac{1}{3} = \boxed{120\pi \text{ cm}^3}$

최종 부피 $= 60\pi + 120\pi$

$= 180\pi \text{ cm}^3$

답 $180\pi \text{ cm}^3$

(!) Tip

• 뿔의 부피를 구할 때는 꼭 (기둥의 부피)$\times \frac{1}{3}$
  을 기억하세요!

지연쌤의 SNS

☑ 뿔의 부피는 어떻게 구하나요?

기둥의 부피를 먼저 구하고, $\frac{1}{3}$ 을 곱해 주면 뿔의 부피가 나와요.

① 각뿔의 부피

$V = \frac{1}{3} \times (밑넓이) \times (높이) = \frac{1}{3}Sh$

② 원뿔의 부피

$V = \frac{1}{3} \times (밑넓이) \times (높이) = \frac{1}{3}\pi r^2 h$

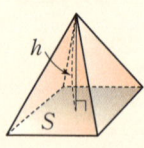

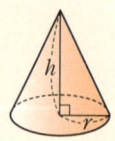

1 다음 그림과 같이 밑면이 정사각형이고 높이가 10 cm인 사각뿔의 부피를 구하여라.

 풀·이·쓰·기

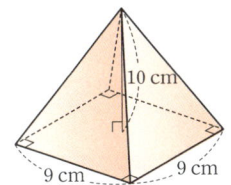

☺ **Hint** (뿔의 부피)=(밑넓이)×(높이)×$\frac{1}{3}$

2 다음 그림과 같은 입체도형의 부피를 구하여라.

 풀·이·쓰·기

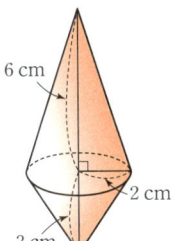

☺ **Hint** 원뿔 각각의 부피를 구하고 서로 합치면 되겠다!

🔍 **알아두면 좋아요**

뿔의 부피가 기둥의 부피의 $\frac{1}{3}$인 이유

밑면의 넓이가 같고 높이가 같은 원기둥과 원뿔이 있어요.
원뿔에 물을 가득 담아서 원기둥을 가득 채우려면 모두 몇 번 물을 부어야 할까요?

맞아요. 총 세 번이에요. 물을 한 번 부어줄 때마다 원기둥에 물이 $\frac{1}{3}$씩 차오르는 것을 확인할 수 있답니다.

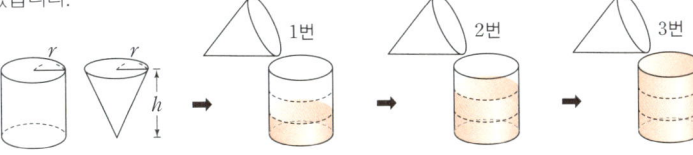

아래 그림과 같은 원뿔대의
겉넓이를 구하여라.

→ 일단 전개도!

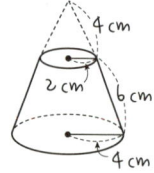

풀·이·쓰·기

원뿔대의 전개도

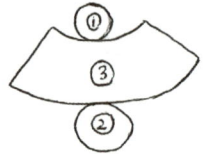

① 넓이 = 4π cm²

② 넓이 = 16π cm²

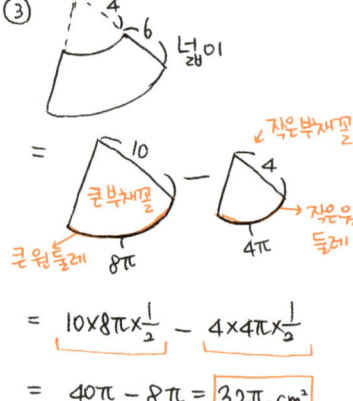

③ 넓이

$$= 10 \times 8\pi \times \frac{1}{2} - 4 \times 4\pi \times \frac{1}{2}$$

$$= 40\pi - 8\pi = 32\pi \text{ cm}^2$$

최종 겉넓이 $= 4\pi + 16\pi + 32\pi$
$$= 52\pi \text{ cm}^2$$

Tip

• 원뿔대의 겉넓이를 구할 때 어려운 점은 옆
넓이를 구하는 것이에요.

답 52π cm²

1 다음 그림과 같은 원뿔대의 겉넓이를 구하려고 한다. 물음에 답하여라.

✏ 풀·이·쓰·기

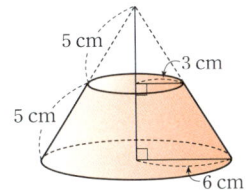

(1) 작은 원의 넓이를 구하여라.

(2) 큰 원의 넓이를 구하여라.

(3) 옆넓이를 구하여라.

(4) 겉넓이를 구하여라.

2 다음 사각뿔대에서 밑면은 한 변의 길이가 각각 4 cm, 6 cm인 정사각형이고 옆면은 모두 합동인 사다리꼴이다. 이 사각뿔대의 겉넓이를 구하여라.

✏ 풀·이·쓰·기

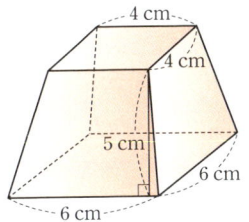

 Hint 각뿔대의 겉넓이는 그냥 각 도형의 넓이를 모두 구해 더하기만 하면 된답니다.

아래 그림과 같은 사각뿔대의
부피를 구하여라.

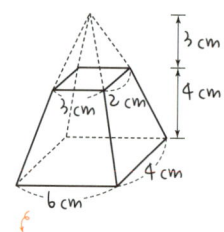

3 cm

4 cm

3 cm 2 cm

4 cm

6 cm

↑ 큰 사각뿔 − 작은 사각뿔

✏️ 풀·이·쓰·기

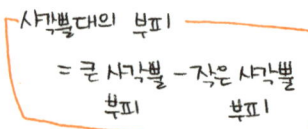

사각뿔대의 부피

= 큰 사각뿔 − 작은 사각뿔
　　부피　　　　 부피

① 큰 사각뿔 부피

뿔은 $\frac{1}{3}$!

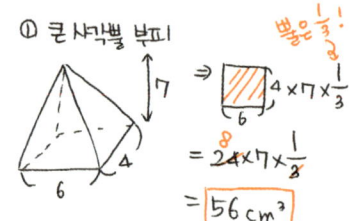

$\Rightarrow 6 \times 7 \times \frac{1}{3}$

$= \overset{8}{24} \times 7 \times \frac{1}{\cancel{3}}$

$= \boxed{56 \, cm^3}$

② 작은 사각뿔 부피

$\Rightarrow 2 \times 3 \times \frac{1}{3}$

$= 6 \times 3 \times \frac{1}{\cancel{3}}$

$= \boxed{6 \, cm^3}$

최종부피 $= 56 - 6 = \underline{50 \, cm^3}$

답 50 m³

 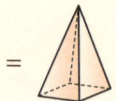 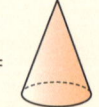

1 다음 그림과 같이 밑면이 각각 정사각형
인 사각뿔대의 부피를 구하여라.

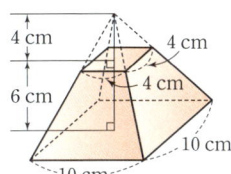

 **풀·이·쓰·기**

2 다음 그림과 같은 원뿔대의 부피를 구하
여라.

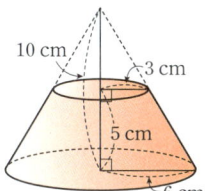

 **풀·이·쓰·기**

🔍 **알아두면 좋아요**

밑면의 넓이와 높이가 같으면 부피는 똑같아요!

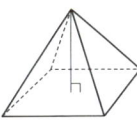 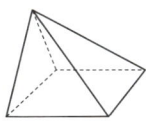 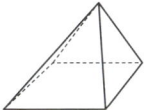 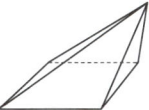

다음 그림의 각뿔들은 모두 밑면의 넓이가 같고 높이도 같아요. 그럼 부피도 같을까요?

정답은 '예'입니다. 각뿔의 부피를 구하는 공식은 (밑면의 넓이)×(높이)×$\frac{1}{3}$ 이라고 했었죠?

그래서 모두 모양이 달라도 부피는 같답니다.

다음과 같은 전개도로 만들어지는 원뿔의 겉넓이가 45π cm²일 때, x의 값을 구하여라. → 겉넓이가 나와있고
→ 옆면길이

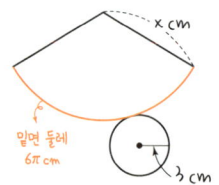

밑면 둘레
6π cm

3 cm

✏️ 풀·이·쓰·기

일단 x를 이용해서 겉넓이를 구하자.

① 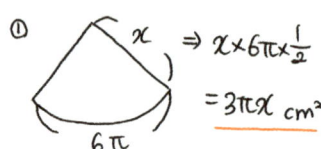 ⇒ $x \times 6\pi \times \frac{1}{2}$

$= 3\pi x$ cm²

6π

x

② ⇒ 9π cm²

$\frac{1}{3}$

겉넓이 $= (3\pi x + 9\pi)$ cm²

↳ 이게 45π 라는!

[식] $3\pi x + 9\pi = 45\pi$

↳ 이제 x를 구하자!

$3\pi x = 45\pi - 9\pi$

$\frac{3\pi x}{3\pi} = \frac{36\pi}{3\pi}$

$\boxed{x = 12}$

답 12

지연쌤의 SNS

☑ 길이가 주어지지 않았다면 어떻게 해야 하나요?

문제에서 길이가 주어지지 않았다고 당황하지 마세요. 문제 속에는 분명히 기존에 없었던 새로운 조건이 있을 거예요.

위의 문제를 보면 부채꼴의 반지름이 주어지지 않았지만 대신 원뿔의 겉넓이를 알려주었어요. 그래서 반지름을 x cm로 두고 방정식을 세우면 문제를 풀 수 있죠.

1 다음 그림과 같은 전개도로 만들어지는 원뿔의 겉넓이가 $100\pi \text{ cm}^2$일 때, x의 값을 구하여라.

✏️ 풀·이·쓰·기

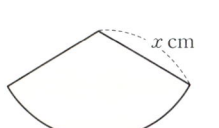

2 다음 그림과 같은 전개도로 만들어지는 원뿔의 겉넓이를 구하여라.

✏️ 풀·이·쓰·기

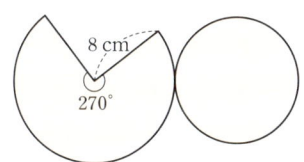

😊 Hint (부채꼴의 호의 길이)=(밑면 둘레의 길이)를 이용해서 밑면의 반지름을 구해요.

📖 **수학 읽기**

육각기둥의 비밀

여러분은 벌집이 왜 육각형인지 아시나요? 바로 공간을 제일 효율적으로 활용할 수 있고 튼튼한 구조이기 때문이에요. 무슨 말이냐고요? 수학적으로 둘레가 일정할 때 넓이가 가장 큰 도형은 원이에요. 하지만 원끼리 모여 있으면 빈틈이 생기게 되죠? 이때 빈틈없이 매울 수 있는 도형은 오직 정삼각형, 정사각형, 정육각형밖에 없어요. 그중 가장 효율적으로 공간을 활용할 수 있고 튼튼한 구조가 바로 정육각형이죠. 벌집 내부가 육각기둥으로 이루어진 이유도 꿀을 안전하게 많이 저장할 수 있기 때문이에요.

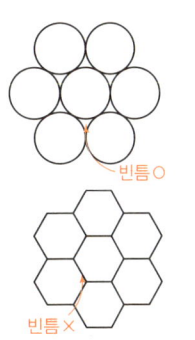

아래 그림과 같이 반지름의 길이가

5cm 인 구의 겉넓이와 부피를

각각 구하여라. ① ②

$4\pi r^2$ $\frac{4}{3}\pi r^3$

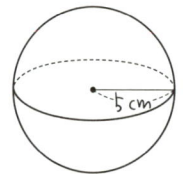

 풀·이·쓰·기

① 구의 겉넓이 $= 4\pi r^2$

                5 대입

            $= 4\pi \times 25$

            $= \boxed{100\pi \text{ cm}^2}$

② 구의 부피 $= \frac{4}{3}\pi r^3$

                5 대입

            $= \frac{4}{3}\pi \times 5 \times 5 \times 5$

            $= \frac{4}{3}\pi \times 125$

            $= \boxed{\frac{500}{3}\pi \text{ cm}^3}$

ⓘ Tip

• 구에 관한 공식!

   구의 겉넓이$(S) = 4\pi r^2$

   구의 부피$(V) = \frac{4}{3}\pi r^3$

답 100π cm^2, $\frac{500}{3}\pi$ cm^3

지연쌤의 SNS

☑ 구의 겉넓이는 왜 $4\pi r^3$인가요?

먼저 구는 전개도를 그릴 수 없는 입체도형이에요. 우리가 먹는 귤껍질도 동그란 구 모양이지만
사실 펼쳐진 귤껍질도 미세하게 휘어져 있기 때문에 전개도라고 볼 수 없어요.
그래서 이런 실험을 했다고 합니다. 공을 위에서부터 끈으로 빙글빙글 전부 감아서 다시 바닥에
원 모양으로 펼쳤더니 반지름이 $2r$인 원이 나왔다고 해요!
원의 넓이를 구하는 공식이 πr^2이므로 대입하면 $\pi(2r)^2 = 4\pi r^2$이 돼요!

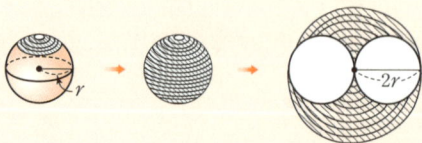

1 다음 그림과 같이 반지름의 길이가 10 cm인 구의 겉넓이와 부피를 각각 구하여라.

 풀·이·쓰·기

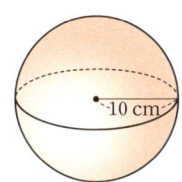

2 다음 그림과 같은 반구의 겉넓이와 부피를 구하여라.

 풀·이·쓰·기

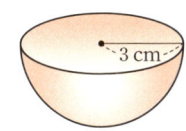

😮 Hint 반구는 말 그대로 구를 반으로 자른 것이지요? 주의할 점은 겉넓이를 구할 때 반드시 잘린 면도 더해 줘야 한다는 점이에요!

🔍 **알아두면 좋아요**

구의 부피가 왜 $\frac{4}{3}\pi r^3$인 이유

(뿔의 부피)=(원기둥의 부피)$\times\frac{1}{3}$이고, (구의 부피)=(원기둥의 부피)$\times\frac{2}{3}$랍니다.

그렇다면 높이가 $2r$인 원기둥의 부피에 $\frac{2}{3}$를 곱한다는 말이 되는군요?

(원기둥의 부피)=(밑넓이)$\times$(높이)$=\pi r^2\times 2r=2\pi r^3$

따라서 (구의 부피)$=2\pi r^3\times\frac{2}{3}=\frac{4}{3}\pi r^3$이 된답니다.

다음 그림은 반지름의 길이가 6cm인
구의 $\frac{1}{4}$을 구의 중심을 지나도록
잘라 내고 남은 부분이다.
다음 물음에 답하여라.

(1) 겉넓이는?

(2) 부피는?

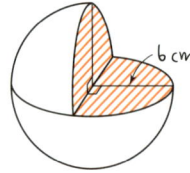

6 cm

✏️ **풀·이·쓰·기**

(1) 겉넓이

$$= \underbrace{\text{구의겉넓이}}_{4\pi r^2} \times \frac{3}{4}$$

$$+ \underbrace{\text{잘린 단면 넓이}}_{6}$$

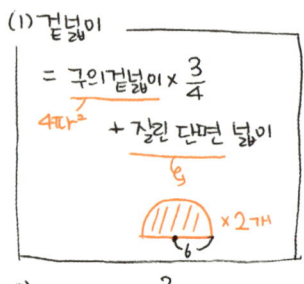

×2개

$$\Rightarrow \underbrace{4\pi \times 6 \times 6}_{구} \times \frac{3}{4} + \underbrace{36\pi}_{}$$

6

$$= 108\pi + 36\pi = \underline{144\pi \ cm^2}$$

(2) 부피

↳ 부피는 초간단!

↳ 구의 부피 $\times \frac{3}{4}$

$\frac{4}{3}\pi r^3$

$$\Rightarrow \underbrace{\frac{4}{3}\pi \times 6 \times 6 \times 6}_{구} \times \frac{3}{4}$$

$$= \underline{216\pi \ cm^3}$$

📋 답 (1) $144\pi \ cm^2$, (2) $216\pi \ cm^3$

지연쌤의 SNS

☑ 구의 일부분만 있으면 겉넓이나 부피는 어떻게 구하나요?

① 구 일부분의 겉넓이를 구할 때는 항상 잘린 부분의 단면을 꼭 더해 주어야 한다는 것을 기억해야 해요.

② 구 일부분에 대한 부피를 구할 때는 구의 남은 부분이 전체에서 얼만큼인지를 알아내는 것이 중요해요.

1 다음 그림과 같이 반지름의 길이가 4 cm 인 구의 $\frac{1}{4}$ 을 구의 중심을 지나도록 잘라내고 남은 부분이다. 물음에 답하여라.

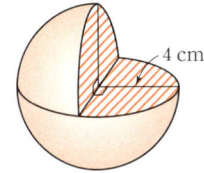

4 cm

(1) 겉넓이가 얼마인지 구하여라.
(2) 부피가 얼마인지 구하여라.

Hint 구의 $\frac{1}{4}$ 을 잘라냈으므로 남은 부분은 $\frac{3}{4}$ 이겠죠?

풀·이·쓰·기

---

2 다음 그림과 같이 반지름의 길이가 2 cm인 구를 8등분한 입체도형이다. 물음에 답하여라.

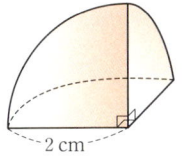

2 cm

(1) 겉넓이가 얼마인지 구하여라.
(2) 부피가 얼마인지 구하여라.

Hint 구의 겉넓이와 부피에 $\frac{1}{8}$ 을 곱하면 되겠지만, 겉넓이는 잘린 단면도 더해 줘야겠죠?

풀·이·쓰·기

아래 그림과 같은 평면도형을 직선 l을 축으로 하여 1회전 시킬 때 생기는 회전체의 겉넓이를 구하여라.

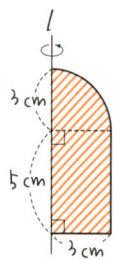

(!) Tip

• 위 문제의 회전체는 반구와 원기둥이 합쳐진 모양이에요!

 풀·이·쓰·기

회전체의 모양

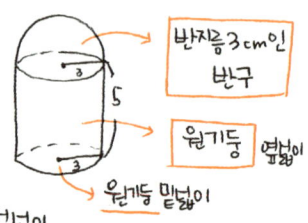

반지름 3cm인 반구

원기둥 옆넓이

원기둥 밑넓이

겉넓이

① 반구의 겉넓이 $= 4\pi r^2 \times \frac{1}{2}$

$= 4\pi \times 9 \times \frac{1}{2}$

$= \boxed{18\pi \ cm^2}$

② 원기둥 옆넓이 $= 6\pi \times 5$

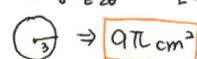

$\boxed{= 30\pi \ cm^2}$

③ 원기둥 밑넓이 1개만!

$\Rightarrow \boxed{9\pi \ cm^2}$

최종 겉넓이 $= 18\pi + 30\pi + 9\pi$

$= 57\pi \ cm^2$

[답] $57\pi \ cm^2$

☑ 복잡한 모양의 입체도형이 나오면 어떻게 해야 하나요?

여러 가지 입체도형이 섞여 문제가 점점 더 복잡해질수록 내가 구하고자 하는 것을 딱! 나누어서 풀어낼 수 있어야 해요.

지금까지 우리가 배운 기둥, 뿔, 뿔대, 구 등을 이용해서 문제에서 주어진 입체도형이 어떻게 이루어져 있는지 구분해 내는 연습을 많이 하면 다음부터는 쉽게 문제를 풀 수 있을 거예요.

1 다음 그림과 같은 도형을 직선 l을 회전축으로 하여 1회전시킬 때 생기는 입체도형의 부피를 구하여라.

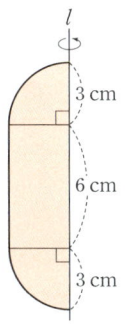

3 cm

6 cm

3 cm

풀·이·쓰·기

☺ **Hint** 문제의 회전체는
(반구)+(원기둥)+(반구)지?
그런데 조금만 더 생각하면 (구)+(원기둥)으로 생각할 수도 있어요!

2 다음 그림과 같은 도형을 직선 l을 회전축으로 하여 1회전시킬 때 생기는 회전체의 겉넓이를 구하여라.

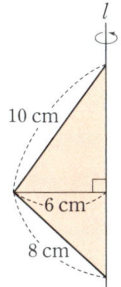

10 cm

6 cm

8 cm

풀·이·쓰·기

☺ **Hint** 두 원뿔의 밑넓이는 서로 겹쳐 보이지 않으니 결국 각 원뿔의 옆넓이만 구하면 되겠구나!

📖 **수학 읽기**

도자기도 회전체?!

여러분은 도자기나 그릇을 만드는 원리를 알고 있나요?
도자기는 빙글빙글 돌아가는 원판 위에 점토를 올려두고 손과 도구를
이용하여 점토를 계속 돌리면서 모양을 만들면 완성됩니다.
이렇게 만들어진 도자기나 그릇 모양의 점토는
뜨거운 가마에서 단단하게 굳혀진답니다.

다음 입체도형의 부피를 구하여라.

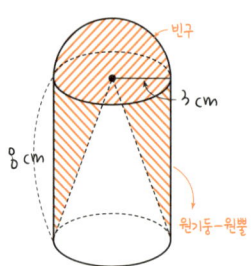

반구

3 cm

8 cm

원기둥·원뿔

풀·이·쓰·기

① 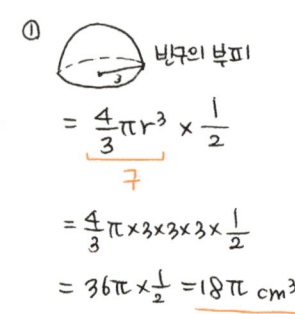 반구의 부피

$$= \frac{4}{3}\pi r^3 \times \frac{1}{2}$$
구

$$= \frac{4}{3}\pi \times 3 \times 3 \times 3 \times \frac{1}{2}$$

$$= 36\pi \times \frac{1}{2} = 18\pi \ cm^3$$

②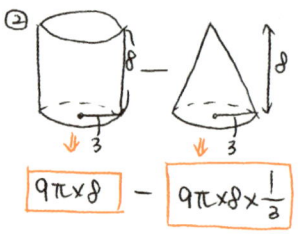

$$\boxed{9\pi \times 8} - \boxed{9\pi \times 8 \times \frac{1}{2}}$$

$$= 72\pi - 24\pi = 48\pi \ cm^3$$

최종부피 $= 18\pi + 48\pi$

$$= 66\pi \ cm^3$$

답 $66\pi \ cm^3$

① Tip

• 지금까지 우리가 배운 기둥, 뿔, 구가 모두 나왔어요. 각각의 공식을 생각하면서 문제를 풀어 봐요!

지연쌤의 SNS

☑ 기둥, 뿔, 구가 한 문제에 모두 나왔어요. 어떻게 풀어야 하나요?

자! 이제 지금까지 공부한 입체도형이 다 등장했죠? 겉넓이는 사실 열~심히 전개도를 펼쳐 넓이를 구하고 더해야 해서 그때그때 구하는 부분이 다르지만, 부피는 간단하게 공식 3가지만 기억하세요!

기둥 = 밑넓이 × 높이	뿔 = $\frac{1}{3}$ × 밑넓이 × 높이	구 = $\frac{4}{3}$ × π × 반지름^3

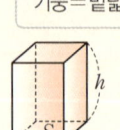 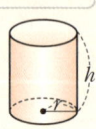 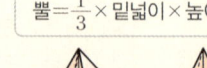 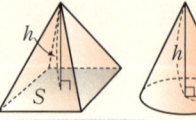 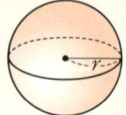

1 다음 그림과 같은 입체도형의 겉넓이를 구하여라.

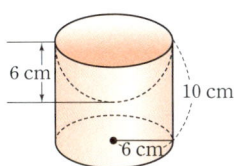

😊 **풀·이·쓰·기**

💬 **Hint** 원기둥에서 반구가 빠진 모양이에요. 부피라면 그냥 원기둥의 부피에서 반구의 부피를 빼면 되지만, 겉넓이는 아니에요!

2 다음 그림과 같은 입체도형의 부피를 구하여라.

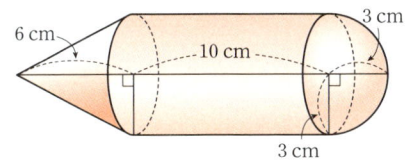

😊 **풀·이·쓰·기**

💬 **Hint** 기둥, 구, 뿔의 부피를 구하는 공식을 기억하세요!

아래 그림과 같은 원뿔모양의 그릇에
물을 가득채운 후, 반구 모양의 그릇에 (부피개념)
부을 때, 몇 번을 부으면 반구모양의
그릇이 가득 차게 될까?

(단, 그릇 두께는 고려하지 않음)

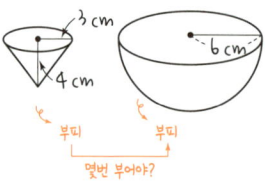

3 cm
4 cm
6 cm
부피   부피
몇번 부어야?

✏️ 풀·이·쓰·기

① 원뿔 그릇의 부피

$$= 9\pi \times 4 \times \frac{1}{3}$$
$$= 12\pi \ cm^3$$

② 반구 그릇의 부피

$$= \frac{4}{3}\pi \times 6 \times 6 \times 6 \times \frac{1}{2}$$
$$\underline{\frac{4}{3}\pi r^3}$$
$$= 144\pi \ cm^3$$

① vs ② 비교!

12π 만큼을 몇번 부어야
144π 만큼 될까?

$$\Rightarrow 12\pi \times \text{☆} = 144\pi$$
12

따라서, 12번 부으면 된다!

📋 **답** 12번

1 다음 그림과 같이 구 모양인 초콜릿 덩어리를 가지고 원뿔 모양의 초콜릿을 만들려고 한다. 원뿔 모양의 초콜릿을 모두 몇 개 만들 수 있는지 구하여라.

📝 **풀·이·쓰·기**

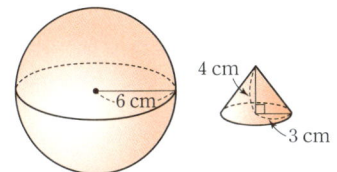
6 cm
4 cm
3 cm

2 다음 그림과 같이 직육면체 모양의 그릇에 물이 담겨 있다. 그릇을 기울인 모습과 바로 세운 모습이 각각 다음과 같을 때, x의 값을 구하여라.

📝 **풀·이·쓰·기**

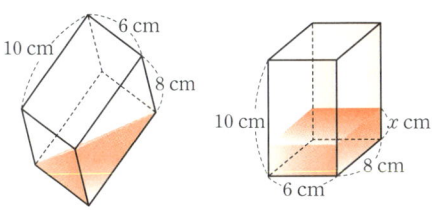
10 cm 6 cm
8 cm
10 cm x cm
6 cm 8 cm

💬 **Hint** 기울어진 물의 모양은 삼각뿔 모양이에요. 물의 양은 똑같으므로 부피도 똑같겠죠?

도형의 아름다움에 반한 아르키메데스

아르키메데스는 고대 그리스의 대표적인 과학자예요.

그는 수학, 철학, 천문학, 물리학 등 아주 다양한 분야의 학문을 연구했는데, 특히 도형 연구를 좋아했다고 해요.

그는 같은 길이의 반지름으로 만들어지는 원뿔, 구, 원기둥의 부피가 이루는 비율이 너무 아름답다고 생각해서 자신의 묘비에 다음과 같은 그림을 새겼다고 해요.

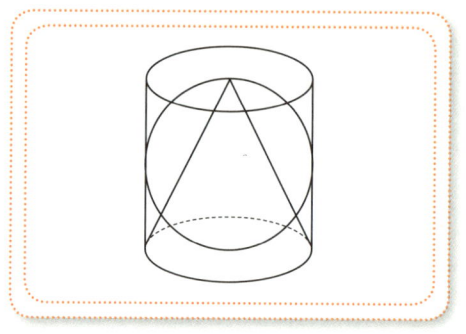

여러분은 이 도형이 어떻게 보이나요? 이 도형을 하나씩 알아볼까요?

반지름 r을 기준으로 만들어진 원뿔, 구, 원기둥의 부피의 비는 그림과 같아요.

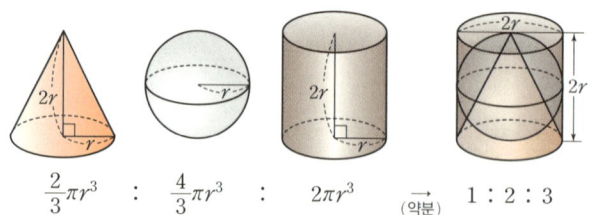

$$\frac{2}{3}\pi r^3 \;:\; \frac{4}{3}\pi r^3 \;:\; 2\pi r^3 \quad \xrightarrow{\text{(약분)}} \quad 1:2:3$$

어때요 신기하게도 이 세 도형의 비율은 1:2:3이 된답니다.

V. 자료의 정리와 분석

#변량 #줄기와 잎 그림

#도수 #계급 #도수분포표

#히스토그램 #상대도수

다음은 쏘원이네반 학생들의 체육 수행 평가 점수를 조사하여 줄기와 잎 그림으로 나타낸 것이다. 다음 설명 중 옳지 않은 것은?

(이5는 5점)

줄기	최소		잎						
0	5	7	9	9					
1	0	2	3	5	6	8			
2	0	0	3	6	7	7	8		
3	0	2	2	3	3	4	5	5	
4	0	2	2	5	5				

최대

① 가장 낮은 점수와 높은 점수의 차는 40점이다.

② 점수가 가장 낮은 학생은 5점이다.

③ 전체학생은 30명이다. 잎의개수?

④ 잎이 가장 적은 줄기는 0 이다.

⑤ 점수가 20점 이하인 학생은 10명이다. → 20점도 포함!

풀·이·쓰·기

① 가장 낮은 점수 5점 ⎫ 40점
   가장 높은 점수 45점 ⎭ 차이

② 가장 낮은 점수 5점

③ 전체학생수 ⇒ 잎은 몇개?
   30개!

④
줄기	잎의개수
0	4개 → 제일적음!
1	6개
2	7개
3	8개
4	5개

⑤ 20점 이하인 학생은 20점인 2명도 꼭 포함해야지!

⇒ 총 4명 + 6명 + 2명
   줄기0 줄기1 20점

⇒ 12명이다!
   (10명 No!)

답 ⑤

1 다음은 소원이가 가입한 영어 동아리반 학생들의 수학 성적을 조사하여 나타낸 줄기와 잎 그림이다. 물음에 답하여라.

 풀·이·쓰·기

(5|2는 52점)

줄기	잎					
5	2	5	9			
6	1	3	8	9		
7	0	2	2	5	7	7
8	4	6	8	9		
9	0	1	5			

(1) 영어 동아리반의 전체 학생 수는 얼마인지 구하여라.

(2) 잎이 가장 많은 줄기는 무엇인지 구하여라.

(3) 소원이의 영어 성적이 86점일 때. 소원이보다 시험을 잘 본 학생은 몇 명인지 구하여라.

다음 그림은 어느 하루 동안 병원을 찾은 사람들의 1분당 맥박수를 나타낸 도수분포표이다.

맥박수가 80회 이상인 사람의 수가 80회 미만인 사람의 수의 ④배라 할 때, A, B의 값을 각각 구하여라.

1분당 맥박수(회)	사람수(명)	
60 이상 ~ 70 미만	6	
70 ~ 80	A	↑ 미만
80 ~ 90	B	↓ 이상
90 ~ 100	14	
100 ~ 110	3	
계	50	

⚠ Tip

• 도수분포표 총정리!

계급: 변량을 일정한 간격으로 나눈 구간

　　📌 시험 점수(0~9점, 10~19점, 20~29점, …)

도수: 각 계급에 속하는 자료의 수

　　📌 시험을 본 학생의 수

도수분포표: 주어진 자료를 몇 개의 계급으로 나누어 도수를 조사해 나타낸 표

✏ 풀·이·쓰·기

① 80회 미만인 사람 수는

$$\Rightarrow \boxed{6+A} \text{ (명)}$$

② 80회 이상인 사람 수는

$$\Rightarrow \boxed{B+14+3} \text{ (명)}$$

80회 이상 = 80회 미만 × 4배

$$B+17 = (6+A) \times 4$$

(식) $B+17 = 4(6+A)$

$$B+17 = 24+4A$$

$$B = 24+4A-17$$

$$\boxed{B = 7+4A}$$

한편, 총합계가 50 이므로

$$6+A+B+14+3 = 50$$

$$\Rightarrow A+B = 27$$

　　　(7+4A)대입

$$A+7+4A = 27$$

$$5A = 20$$

$$\therefore \boxed{A=4}$$

$$B = 7+4A = 7+4\times4$$

$$= 7+16 = 23 \quad \therefore \boxed{B=23}$$

답 $A=4$, $B=23$

1 다음은 진우네 반 학생 40명의 등교 시간을 조사하여 나타낸 도수분포표이다. 등교 시간이 10분 미만인 학생이 전체의 75 %라고 할 때, A와 B의 값을 각각 구하여라.

등교 시간(분)	학생 수(명)
$0^{이상} \sim 5^{미만}$	20
$5 \sim 10$	A
$10 \sim 15$	5
$15 \sim 20$	3
$20 \sim 25$	B
$25 \sim 30$	1
합계	40

✏️ **풀·이·쓰·기**

😊 **Hint** 10분 미만의 학생은 $(20+A)$명이 되겠구나! 그럼 전체의 75 %라고 했으니까 40명의 75 %를 구하면 A를 구할 수 있어요.

🔍 **알아두면 좋아요**

도수분포표 만들기!

가장 큰 변량 ─┐ (단위: 세)

9	11	13
23	34	2
27	14	8
12	32	14

└─ 가장 작은 변량

줄기와 잎 그림 →

나이(세)	사람 수(명)
$0^{이상} \sim 5^{미만}$	3
$10 \sim 20$	5
$20 \sim 30$	2
$30 \sim 40$	2
합계	12

계급 ┤ ├ 도수

이 도수분포표는 계급이 10세 간격으로 되어 있으니 계급의 크기는 10세예요.

다음은 일환이네 반 학생들의
영어 점수를 조사하여 나타낸
도수분포다각형이다.
<보기>에서 옳은 것을 모두 골라라.

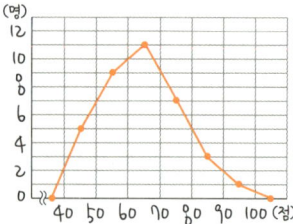

───── <보기> ─────

㉠ 전체학생은 36명이다.

㉡ 계급의 크기는 10점이다.

㉢ 계급은 총 7개이다.

㉣ 80점이상인 학생은 4명이다.

㉤ 성적 상위 2등인 학생은
   90점 이상을 맞았다.

✏️ 풀·이·쓰·기

㉠ 각 계급의 도수를 체크하자
   5명+9명+11명+7명
   +3명+1명 = <u>36명!</u>

㉡ 가로축이 계급!
   40 50 60 70 80 …
   └─┘└─┘└─┘└─┘
   10점씩 떨어져 있음
   ⇒ 계급의 크기 10점

㉢ 계급은 6개
   40 50 60 70 80 90 100
    └─┘└─┘└─┘└─┘└─┘└─┘
    1   2 3 4 5 6

㉣ 80점 이상 90점 미만 : 3명
   90점 이상 100점 미만 : 1명
   ⇒ 총 4명

㉤ 90점 이상이 1명 뿐이므로
   2등은 80점이상 90점 미만에
   속해있다 ㅠ.ㅠ

답 ㉠, ㉡, ㉣

1 다음 그림은 지민이네 반 학생들의 키를 조사하여 나타낸 히스토그램이다. |보기| 의 설명 중 옳은 것을 모두 골라라.

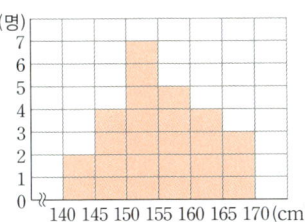

|보기|

ㄱ. 지민이네 반 전체 학생 수는 30명이다.

ㄴ. 계급의 크기는 5 cm이다.

ㄷ. 키가 150 cm 이하인 학생은 13명이다.

ㄹ. 6개의 계급으로 나누었다.

ㅁ. 키가 165 cm 이상인 학생은 전체의 12 %이다.

✏️ 풀·이·쓰·기

🔍 알아두면 좋아요

히스토그램을 알아보자!

히스토그램은 도수분포표의 계급과 도수를 이용하여 그래프로 표현한 것을 말해요. 막대그래프와 비슷하지만 다른 점은 히스토그램은 가로축에 반드시 계급을 표시해야 한다는 점이에요.

수학 성적(점)	도수(명)
60^{이상} ~ 70^{미만}	4
70 ~ 80	12
80 ~ 90	9
90 ~ 100	5
합계	30

[도수분포표]

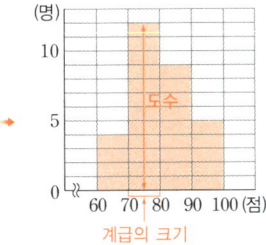

[히스토그램]

다음은 어느도시의 6월, 7월 두 달 동안 평균 기온을 측정하여 나타낸 것이다. 그런데 히스토그램의 일부가 찢어져 보이지 않는다.

평균기온이 30℃ 이상이었던 날은 30℃ 미만이었던 날보다 며칠 많은지 구하여라.

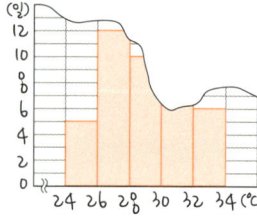

풀·이·쓰·기

일단! 그림에서

30℃ 이상 32℃ 미만의 도수가 ← x 라하자

보이지 않으므로 먼저 이걸 해결!

모든 도수를 합치면

⇒ 총조사일수인 <u>61일</u>이 되어야

식 $5+12+10+x+6=61$

$33+x=61$

$\therefore x=28$

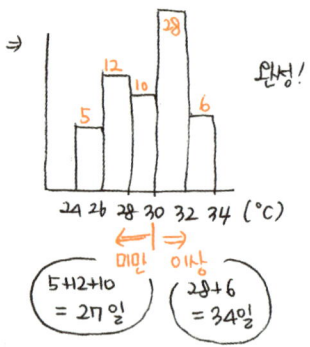

⇒ 완성!

미만 이상

$5+12+10 = 27$일 $28+6 = 34$일

따라서, 7일 더 많다!

답 7일

1 다음 그림은 정국이의 SNS의 방문자 수를 30일 동안 조사하여 나타낸 도수분포다각형인데 일부가 찢어졌다. 다음 물음에 답하여라.

🖋️ 풀·이·쓰·기

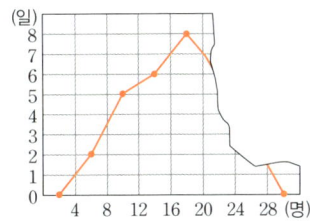

(1) 방문자 수가 20명 이상 28명 미만인 날의 수를 구하여라.

(2) 방문자 수가 20명 이상 24명 미만인 날이 24명 이상 28명 미만인 날보다 하루가 더 많을 때, 방문자 수가 24명 이상인 날의 수를 구하여라.

💬Hint 20명 이상 24명 미만인 날을 A+1, 24명 이상 28명 미만인 날을 A로 두고 풀어요!

🔍 알아두면 좋아요

도수분포다각형을 알아보자!

도수분포다각형은 히스토그램의 각 직사각형의 윗변에 중점을 선으로 차례로 연결하여 나타낸 그래프를 말해요.
이때, 양 끝의 계급이 0인 부분도 꼭 선을 이어 주어야 해요!
도수분포다각형은 두 개 이상의 자료를 한 번에 그려 비교할 때 유용하게 사용할 수 있어요.

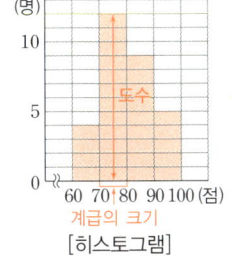

[히스토그램]

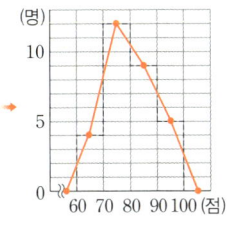

[도수분포다각형]

상대도수는 비율

다음은 진세네반 학생이 30초 동안 윗몸일으키기를 한 횟수에 대한 상대도수를 나타낸 표이다.

A~F에 들어갈 값을 각각 구하여라.

윗몸일으키기 횟수(회)	학생 수(명)	상대도수
0이상 ~ 5미만	2	0.05
5 ~ 10	12	A
10 ~ 15	16	B
15 ~ 20	C	0.1
20 ~ 25	D	0.15
합계	E	F

 풀·이·쓰·기

① 제일 쉬운 $F = 1$

　　상대도수의 합은 항상 1

② 학생수의 합계를 구해야
　　다른걸 해결 가능! E

⇒ 첫번째 계급을 이용하자.

　　5수 & 상대도수 둘다 있는거

$$\frac{2}{E} = 0.05 \ \text{이므로}$$

$$\Rightarrow \frac{2}{E} = \frac{5}{100} = \frac{1}{20}$$

$$\Rightarrow \frac{2}{E} = \frac{1}{20} \Rightarrow \boxed{E = 40}$$

③ $\frac{12}{40} = A$ 이므로 $\boxed{A = \frac{3}{10} = 0.3}$

④ $\frac{16}{40} = B$ 이므로 $\boxed{B = \frac{4}{10} = 0.4}$

⑤ $\frac{C}{40} = 0.1$ 이므로 $\frac{C}{40} = \frac{1}{10}$

$$\therefore C = 4$$

⑥ $\frac{D}{40} = 0.15$ 이므로 $\frac{D}{40} = \frac{15}{100}$

$$\Rightarrow \frac{D}{40} = \frac{3}{20} \quad \therefore \boxed{D = 6}$$

답 A=0.3, B=0.4, C=4, D=6, E=40, F=1

1 다음은 어느 반 학생들이 하루 동안 휴대전화를 사용한 시간을 조사하여 나타낸 상대도수의 분포표이다. 물음에 답하여라.

 풀·이·쓰·기

사용 시간(분)	학생 수(명)	상대도수
$10^{이상} \sim 20^{미만}$	6	0.15
$20 \sim 30$	A	0.25
$30 \sim 40$	12	B
$40 \sim 50$	8	0.2
$50 \sim 60$	4	0.1
합계		

(1) 전체 학생 수를 구하여라.

(2) A, B의 값을 각각 구하여라.

(3) 상대도수의 합계를 구하여라.

🔍 알아두면 좋아요

상대도수를 알아보자!

상대도수란 전체 도수에 대한 각 계급의 도수의 비율을 말해요. 상대도수는 총합이 다른 두 집단을 비교하기 위해 사용하기도 해요. 예를 들어 우리 반은 30명이고, 친구네 반은 25명일 때 숫자가 맞지 않아서 서로 비교하기 어렵죠? 이때, 상대도수를 이용해 비교할 수 있답니다.

(어떤 계급의 상대도수)$= \dfrac{\text{그 계급의 도수}}{\text{도수의 총합}}$

성적(점)	도수(명)	상대도수
$60^{이상} \sim 70^{미만}$	3	$\dfrac{3}{10}=0.3$
$70 \sim 80$	4	$\dfrac{4}{10}=0.4$
$80 \sim 90$	2	$\dfrac{2}{10}=0.2$
$90 \sim 100$	1	$\dfrac{1}{10}=0.1$
합계	10	1

132 상대도수로 그리는 그래프

다음은 어느 놀이동산의 어트랙션 이용자 ☆☆☆ <u>청화조건</u> 200명의 입장 대기 시간에 대한 └ <u>총 도수의 합</u> 상대도수의 분포를 나타낸 그래프이다.

다음 물음에 답하여라.

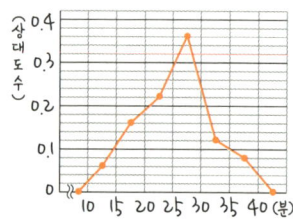

(1) 대기 시간이 30분 이상인 관객은 몇 명인가? └→ <u>도수를 구해야!</u>

(2) 15분 미만 기다린 사람은 전체의 몇 % 인가? └→ <u>상대도수 ×100</u>

✏️ 풀·이·쓰·기

(1) 대기시간 30분 이상인 경우

상대도수 = 0.12 + 0.08 = <u>0.2</u>

전체 인원 200명 이므로

$\boxed{\dfrac{♡}{200}} = 0.2$ 에서 ♡ 를 구하면됨

⇒ $\dfrac{♡}{200} = \dfrac{2}{10}$ ⇒ ♡ = 40

(×20 표시)

따라서 30분이상 대기한 사람은

<u>40명</u> 이다.

(2) 15분 미만 기다린 경우

상대도수 = <u>0.06</u>
↑
<u>이거 자체가 비율!</u>
<u>×100 만 하면</u>
<u>퍼센트!</u>

⇒ 0.06 × 100 = $\boxed{6\%}$

답 (1) **40명**, (2) **6 %**

지연쌤의 SNS

☑ 상대도수는 어떤 특징이 있나요?

① 상대도수의 총합은 항상 1이에요! %로 말하면 항상 100 %인 것과 같아요.

② 상대도수는 도수에 정비례해요. 즉, 도수가 2배 늘어나면 상대도수도 2배 늘어나죠! 이 성질은 빈칸 채우기 문제에서 유용하게 활용할 수 있답니다.

1 다음은 어느 학교 1학년 학생 300명의 여름 방학 중 봉사활동 시간에 대한 상대도수의 분포를 그래프로 나타낸 것이다. 물음에 답하여라.

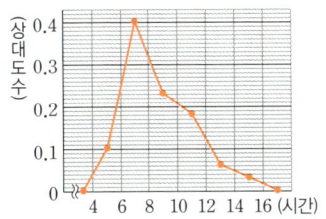

(1) 이 학교에서는 봉사활동 시간을 10시간 이상 채워야 졸업할 수 있다고 한다. 현재 졸업이 가능한 학생은 모두 몇 명인지 구하여라.

(2) 봉사활동 시간을 더 채워야 하는 학생은 전체의 몇 %인지 구하여라.

😊 Hint 상대도수 문제에서 %를 물어본다면 상대도수에 100을 곱해 줘요.

✏️ 풀·이·쓰·기

🔍 알아두면 좋아요

상대도수 그래프를 직접 그려 보아요!

다음 상대도수를 상대도수의 그래프로 표현해 보세요.

걷는 시간(분)	상대도수
20이상 ~ 30미만	0.45
30 ~ 40	0.3
40 ~ 50	0.15
50 ~ 60	0.1
합계	1

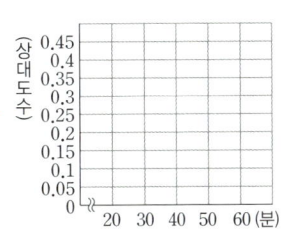

두 집단의 상대도수의 그래프를 비교하자

다음은 A, B 두 지역에 사는 사람의 연령을 조사하여 나타낸 상대도수의 분포 그래프 이다. 다음 <보기> 중 옳은 것을 골라라.

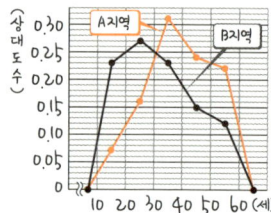

─── <보기> ───

㉠ A 지역의 연령층이 비교적 B 지역보다 높다.

㉡ 두 지역에 사는 사람의 수는 같다.

㉢ 30세 미만인 사람의 비율은 B 지역이 더 높다.

㉣ 두 지역의 상대도수의 합은 같다.

㉤ 50세 이상인 사람은 A 지역에 더 많다.

✏️ 풀·이·쓰·기

㉠ A 지역의 그래프가 B 지역에 비해 높은 연령쪽에 쏠려 있음!

㉡ 상대도수만으로 실제 사람의수를 알아낼수 없다. ★주의!!

㉢ 30세 미만의 상대도수
A 지역 = 0.07 + 0.16 = 0.23
B 지역 = 0.23 + 0.27 = 0.5
⇒ A 지역 23% B 지역 50%
더 비율이 높다.

㉣ 어떤 경우에도 상대도수의 합은 항상 1이다.

㉤ 50세 이상의 상대도수는 A 지역이 더 높지만 전체인원을 모르기 때문에 실제로 인원이 더 많은지는 알수없다.

A 지역 100명 낳고
B 지역 1000명 낳을수도 있지!
그러면 아무리 상대도수가 높아도
실제인원은 적을수 밖에!!

답 ㉠, ㉢, ㉣

1 다음 그림은 1학년과 2학년 학생들이 방학 동안 참여한 봉사활동 시간을 조사하여 나타낸 상대도수 그래프이다. 옳은 것을 모두 고르면?

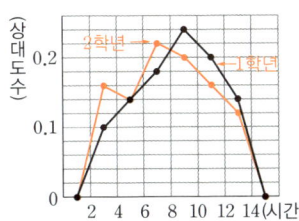

① 8시간 미만인 계급에서는 2학년의 비율이 더 높다.
② 10시간 이상인 계급에 해당하는 학생 수는 1학년이 더 많다.
③ 4시간 이상 6시간 미만인 계급에 속하는 학생 수는 같다.
④ 두 학년의 상대도수의 합은 같다.
⑤ 1학년과 2학년 전체 학생 수는 같다.

✎ 풀·이·쓰·기

🔍 **알아두면 좋아요**

상대도수를 비교할 때 조심할 점!

전체 도수인 총합을 모르는 상태에서 상대도수가 높다고 도수도 당연히 높을 거라고 생각하면 큰일 나요!
상대도수는 '비율'만 비교할 수 있어요. 전체 도수가 나와 있지 않은 한 구체적인 도수를 전혀 알 수 없으니 항상 조심하세요.

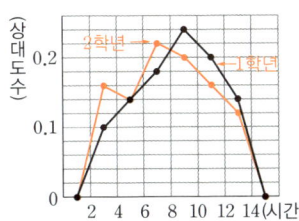

V

자료의 정리와 분석

통계 신문 만들기

우리 반 친구들의 통학 시간을 조사하여 통계 신문을 만들어 보자!

예시

B·O·O·K 신문

20XX년 OO월 OO일
OOO 기자

우리 반 친구들은 한 달에 얼마나 책을 읽을까?

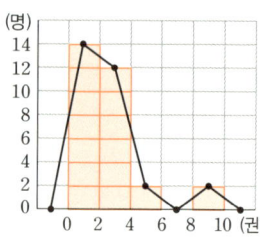

어떤 조사에 따르면 요즘 10대 학생들의 독서량이 한 달에 한 권밖에 안 된다는 조사가 나왔다고 한다. 그래서 우리 반 친구들의 독서량을 조사하여 우리 반 친구들의 독서량이 얼마나 되는지 조사하였다.

조사 결과 우리 반 친구 30명의 한 달 독서량의 합계는 60권이고, 평균은 2권이다. 내가 속한 계급은 2권 이상 4권 미만이다. 가장 많은 친구들이 속한 계급은 0권 이상 2권 미만이었고, 가장 많은 책을 읽은 계급인 8권 이상 10권 미만에는 2명이 있었다.

한 달 동안 책을 한 권도 읽지 않은 친구들이 6명이나 되어서 요즘 학생들의 독서량이 점점 줄고 있다는 것을 확인할 수 있었다. 앞으로 친구들과 함께 책을 읽는 시간을 많이 가져야겠다고 생각했다.

방법

① 우리 반 친구들이 집에서 학교까지 이동하는 데 걸리는 시간을 '분' 단위로 조사하여 기록한다.
② 기록한 내용을 정리하여 히스토그램을 그린다.
③ 해당 그래프를 분석하여 통계 신문 기사를 작성한다.

신문 이름

20___년 ___월 ___일

_____ 기자

• 기사 제목

• 기사 내용

정답

I. 수와 연산

유형 1	1 ㄱ, ㄴ	2 ④
유형 2	1 $a=4$, $b=2$	2 $a=3$, $b=3$, $c=0.01$
유형 3	1 $a=10$, $b=5$, $c=2$	2 $a=4$, $b=2$, $c=1$
유형 4	1 ③	2 ㄱ, ㅁ
유형 5	1 10	2 40
유형 6	1 ④	2 4개
유형 7	1 ②	2 ②, ③
유형 8	1 6개	2 1, 2, 3, 6
유형 9	1 ②, ④	2 1, 3, 7, 9, 11, 13, 17, 19
유형 10	1 4개	2 ④
유형 11	1 84	2 ⑤
유형 12	1 40개	2 15명
유형 13	1 12	2 3, 4, 6, 12
유형 14	1 9회전	2 140 cm
유형 15	1 179	2 123, 243
유형 16	1 ⑤	2 -1.7, $+\dfrac{2}{7}$, $-\dfrac{9}{4}$
유형 17	1 ㄴ, ㅁ	
유형 18	1 $A=-5$, $B=2$	2 5개
유형 19	1 $a=7$, $b=-7$	2 $a=\dfrac{15}{2}$, $b=-\dfrac{15}{2}$
유형 20	1 9	2 1
유형 21	1 4개	2 4개
유형 22	1 $\dfrac{7}{12}$	2 $-\dfrac{11}{6}$

Ⅱ. 문자와 식

유형 **41**	**1** ③	**2** $5x+1$
유형 **42**	**1** ③	**2** $4x-3$
유형 **43**	**1** ④	**2** ①, ③
유형 **44**	**1** ②, ③	**2** $a=3,\ b\neq-1$
유형 **45**	**1** -8	**2** $x=4$

유형 **46**　**1** (1) $x=5$, (2) $x=\dfrac{1}{7}$, (3) $x=20$

유형 **47**	**1** (1) $x=4$, (2) $x=-6$	**2** ④
유형 **48**	**1** -4	**2** 3
유형 **49**	**1** ①	**2** 5
유형 **50**	**1** ⑤	**2** 3
유형 **51**	**1** $-\dfrac{4}{3}$	**2** -20
유형 **52**	**1** 38권	**2** (1) 5명, (2) 남거나 부족하지 않다.
유형 **53**	**1** 12살	**2** 42살
유형 **54**	**1** 8 cm	**2** 15 cm
유형 **55**	**1** 47	**2** 63
유형 **56**	**1** 4 km	**2** 4 km
유형 **57**	**1** 15 km	
유형 **58**	**1** 20 m	
유형 **59**	**1** 20분	**2** 14분
유형 **60**	**1** 150 g	**2** 200 g
유형 **61**	**1** 6시간 40분	
유형 **62**	**1** 남학생: 500명, 여학생: 300명	
유형 **63**	**1** 37명	**2** 135명

Ⅲ. 관계식과 그래프

유형 **64**	**1** 8	**2** 21
유형 **65**	**1** ②	**2** ③
유형 **66**	**1** $y=\dfrac{1}{2}x$	**2** $y=-\dfrac{4}{3}x$
유형 **67**	**1** ⑤	**2** ⑤
유형 **68**	**1** ④	**2** ③
유형 **69**	**1** $a=\dfrac{1}{2}$, $b=-6$	**2** $a=6$, $b=-4$
유형 **70**	**1** ①	
유형 **71**	**1** $y=\dfrac{8}{x}$, $y=-2$	**2** $y=-\dfrac{18}{x}$
유형 **72**	**1** ⑤	**2** ②
유형 **73**	**1** ③	**2** ①
유형 **74**	**1** -4	**2** -8
유형 **75**	**1** 11	**2** 24
유형 **76**	**1** $y=500x$	**2** (1) $y=\dfrac{60}{x}$, (2) 4시간

Ⅳ. 평면도형과 입체도형

유형 **77**	**1** ③	**2** ④
유형 **78**	**1** ①	**2** ⑤
유형 **79**	**1** $40°$	**2** $45°$
유형 **80**	**1** 5	**2** 6
유형 **81**	**1** 5개	**2** 4개
유형 **82**	**1** (1) $a=40°$, $b=140°$, (2) $a=60°$, $b=60°$	
유형 **83**	**1** $80°$	**2** ①

유형 84	1 $60°$	2 $70°$
유형 85	1 (1) ◯, (2) ◯, (3) ◯, (4) ×	2 ㉠ → ㉤ → ㉡ → ㉣ → ㉢
유형 86	1 ⑤	2 7개
유형 87	1 ②	2 ③, ⑤

유형 88　1 ㄱ. $\overline{CD}$, ㄴ. $\overline{DA}$, ㄷ. $\overline{AC}$, ㄹ. SSS

　　　　2 $\overline{AB}=\overline{DC}$이고, ∠A=∠D(엇각), ∠B=∠C(엇각)이므로 두 삼각형은 ASA 합동이다.

유형 89	1 90개	2 ③
유형 90	1 9번	2 35번
유형 91	1 ∠x=35°, ∠y=110°	2 $110°$
유형 92	1 ③	2 $27°$
유형 93	1 $96°$	2 $40°$
유형 94	1 $118°$	2 $85°$
유형 95	1 $200°$	2 $65°$
유형 96	1 (1) $30°$, (2) 54개	2 (1) $144°$, (2) $36°$
유형 97	1 ①	2 90개
유형 98	1 $162°$	2 $102°$
유형 99	1 $72°$	2 $150°$
유형 100	1 28 cm	2 $\dfrac{24}{5}$ cm
유형 101	1 24π cm, 48π cm^2	2 32π cm, 30π cm^2

유형 102　1 (1) 4π cm, (2) $(4\pi+24)$ cm, (3) 24π cm^2,

　　　　2 (1) 6π cm, (2) $(6\pi+18)$ cm, (3) 27π cm^2

유형 103	1 $(10\pi+10)$ cm	2 $(10\pi+20)$ cm
유형 104	1 9π cm^2	2 $(72\pi-144)$ cm^2
유형 105	1 72π cm^2	2 $(16\pi-32)$ cm^2

유형 **106**	**1** $(16\pi+64)$ cm	**2** $(12\pi+36)$ cm
유형 **107**	**1** ④	**2** ⑤
유형 **108**	**1** ⑴ 5개, ⑵ 4개, ⑶ 모든 꼭짓점에 모인 면의 개수가 같지 않다.	
	2 정사면체	
유형 **109**	**1** ④	**2** ④
유형 **110**	**1** 30 cm^2	**2** 25π cm^2
유형 **111**	**1** 6π cm	**2** 3 cm
유형 **112**	**1** 60 cm^2	**2** 72π cm^2
유형 **113**	**1** 182π cm^2	**2** $(42\pi+600)$ cm^2
유형 **114**	**1** 250π cm^3	**2** 15π cm^3
유형 **115**	**1** 216π cm^3	**2** 380 cm^3
유형 **116**	**1** 겉넓이: 66π cm^2, 부피: 72π cm^3	
	2 207π cm^3	
유형 **117**	**1** 80 cm^2	**2** 33π cm^2
유형 **118**	**1** 270 cm^3	**2** 12π cm^3
유형 **119**	**1** ⑴ 9π cm^2, ⑵ 36π cm^2, ⑶ 45π cm^2, ⑷ 90π cm^2	
	2 152 cm^2	
유형 **120**	**1** 312 cm^3	**2** 105π cm^3
유형 **121**	**1** 15	**2** 84π cm^2
유형 **122**	**1** 겉넓이: 400π cm^2, 부피: $\dfrac{4000}{3}\pi$ cm^3	
	2 겉넓이: 27π cm^2, 부피: 18π cm^3	
유형 **123**	**1** ⑴ 64π cm^2, ⑵ 64π cm^3	**2** ⑴ 5π cm^2, ⑵ $\dfrac{4}{3}\pi$ cm^3
유형 **124**	**1** 90π cm^3	**2** 108π cm^2
유형 **125**	**1** 228π cm^2	**2** 126π cm^3
유형 **126**	**1** 24개	**2** $\dfrac{5}{3}$

V. 자료의 정리와 분석

유형 127   **1** (1) 20명, (2) 7, (3) 5명

유형 128   **1** $A=10$, $B=1$

유형 129   **1** ㄴ, ㄹ, ㅁ

유형 130   **1** (1) 9일, (2) 4일

유형 131   **1** (1) 40명, (2) $A=10$, $B=0.3$, (3) 1

유형 132   **1** (1) 81명, (2) 73 %

유형 133   **1** ①, ④

중학수학 유형 레시피 중1

1판 1쇄 펴냄 | 2019년 2월 28일
1판 3쇄 펴냄 | 2021년 1월 30일

지은이 | 이지연
발행인 | 김병준
편   집 | 김경찬·이호정·김현정
기   획 | EBS MEDIA
마케팅 | 정현우
본문 삽화 | 김재희
표지디자인 | 이순연
본문디자인 | 종이비행기·월기획
발행처 | 상상아카데미

등록 | 2010. 3. 11. 제313-2010-77호
주소 | 경기도 파주시 회동길 37-42 파주출판도시
전화 | 031-955-1337(편집), 031-955-1321(영업)
팩스 | 031-955-1322
전자우편 | main@sangsangaca.com
홈페이지 | http://sangsangaca.com

ISBN   979-11-85402-19-2 43410